刺梨野生酵母菌多样性

开发与评价

● 刘晓柱 著

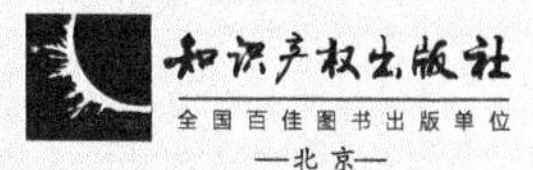

知识产权出版社
全国百佳图书出版单位
—北京—

图书在版编目（CIP）数据

刺梨野生酵母菌多样性开发与评价/刘晓柱著．—北京：知识产权出版社，2021.8
ISBN 978－7－5130－7669－2

Ⅰ.①刺… Ⅱ.①刘… Ⅲ.①刺梨—酵母菌—研究 Ⅳ.①Q949.326.1

中国版本图书馆 CIP 数据核字（2021）第 171565 号

内容提要

本书聚焦特色山地植物刺梨，利用纯培养法与高通量测序法分析了刺梨叶际、根际以及果实酵母菌的多样性；并将刺梨野生酵母菌用于多种果酒的发酵，从果酒的基本理化参数、感官特性以及香气特征等方面评价刺梨野生酵母菌的发酵性能。本书可供植物学、微生物学及食品科学等专业相关研究人员参考。

责任编辑：王玉茂　　**责任校对：**潘凤越
执行编辑：章鹿野　　**责任印制：**刘译文
封面设计：博华创意·张冀

刺梨野生酵母菌多样性开发与评价

刘晓柱　著

出版发行：知识产权出版社有限责任公司　**网　　址：**http：//www.ipph.cn
社　　址：北京市海淀区气象路 50 号院　**邮　　编：**100081
责编电话：010－82000860 转 8541　**责编邮箱：**wangyumao@cnipr.com
发行电话：010－82000860 转 8101/8102　**发行传真：**010－82000893/82005070/82000270
印　　刷：北京九州迅驰传媒文化有限公司　**经　　销：**各大网上书店、新华书店及相关专业书店
开　　本：720mm×1000mm　1/16　**印　　张：**13
版　　次：2021 年 8 月第 1 版　**印　　次：**2021 年 8 月第 1 次印刷
字　　数：200 千字　**定　　价：**70.00 元

ISBN 978-7-5130-7669-2

前 言

刺梨（*Rosa roxburghii* Tratt），蔷薇科蔷薇属植物，多年生落叶小灌木，为我国所特有物种，主要分布在我国西南地区，如贵州、云南、四川等。刺梨果实富含氨基酸、维生素、多糖、微量元素、黄酮等多种营养物质与活性物质，具有较高的营养价值和应用价值，被誉为“三王水果”“营养库”等，可被开发为果汁、果酱、果酒、果脯等多种产品。刺梨根系较为发达，对环境适应性强，在荒坡、山地均可生长，可保持水土、涵养水源，对于喀斯特地区的石漠化治理具有重要作用。此外，刺梨生长周期短，2 年即可产果，4 年则可进入盛果期，经济价值高，在我国西南地区脱贫攻坚及乡村振兴中扮演着重要的角色。截至 2019 年年底，全国刺梨人工种植面积达 190 万亩，贵州占据主导地位，达 176 万亩。野生刺梨种植面积 150 万亩，西南地区占 80 多万亩。可以说我国刺梨产业正蓬勃发展。

酵母菌存在于空气、土壤、植物等各种各样的环境中，与人类的关系非常密切。在衣食住行等领域完全融入了人类生活，被称为人类“第一种家养微生物”。某些种类的酵母菌可耐受一些极端环境，存在于某些特殊环境中，如耐盐较强的鲁氏酵母（*Saccharomyces rouxii*），应用于酱油、黄豆酱、泡菜等食品的生产。一些酵母菌可使食物腐败和变质，如威克汉姆酵母属（*Wickerhamomyces*）、酿酒酵母属（*Saccharomyces*）；还有一些种属可引起人类的一些疾病，如白假丝酵母（*Candida albicans*）、新型隐球菌（*Cryptococcus neoformans*）可引起鹅口疮、脑膜炎、肺炎、阴道炎等疾病。

目前对刺梨的研究主要集中在农艺性状、活性成分、香气特性以及基因功能等领域，而对刺梨微生物资源，特别是对酵母菌的种、属多样性的分析、分离及评价等方面的研究还比较缺乏。本书聚焦我国特色山地植物刺梨，利用纯培养法与高通量测序法分析了刺梨叶际、根际以及果实酵母菌的多样性，并将刺梨野生酵母菌用于多种果酒的发酵，从果酒的基本理化参数、感官特性以及香气特性等方面评价刺梨野生酵母菌的发酵性能，供植物学、微生物学及食品科学等专业相关研究人员参考。本书共分八章：第一章介绍酵母菌种群及遗传多样性研究进展；第二章介绍刺梨及刺梨产业概述；第三章介绍刺梨果实自然发酵过程中酵母菌多样性；第四章介绍不同海拔地区刺梨叶际酵母菌多样性；第五章介绍不同海拔地区刺梨根际酵母菌多样性；第六章介绍功能性刺梨酵母菌的筛选与评价；第七章介绍刺梨酵母菌对果酒品质特性的影响；第八章介绍结论与启示。

本书是著者在刺梨微生物领域的浅显探索，难免有一些不当之处，请各位同仁给予批评指正。感谢贵州理工学院高层次人才科研启动项目（XJGC20190625）对本书的资助，感谢知识产权出版社编辑的辛勤付出。

虽然著者在本书撰写上进行了不懈的努力，但是由于时间紧迫，精力和水平有限，差错和欠缺在所难免，衷心希望广大读者提出宝贵的修改意见，以便今后进一步完善和提高。

目 录

第一章　酵母菌种群及遗传多样性研究进展

酵母菌是一个俗称，无分类学意义，泛指一群可代谢糖类的微生物[1]。酵母菌在自然界分布广泛，主要存在于含糖高、酸性的环境中，如各类水果、蜜饯的表面，果园土壤中等[2]。一些酵母菌可分解烃类[3]，存在于油田、炼油厂附近的土层中，如季也蒙毕赤酵母（*Pichia guilliermondii*）、长孢洛德酵母（*Lodderomyces elongisporus*）等。某些种类的酵母菌可耐受一些极端环境，存在于某些特殊环境中，如耐盐较强的鲁氏酵母[4]，应用于酱油、黄豆酱、泡菜等食品的生产。

第一节　酵母菌概述

一、酵母菌与人类的关系

酵母菌存在于空气、土壤、植物等各种各样的环境中，与人类的关系非常密切[5]。在衣食住行等领域完全融入了人类生活，被称为人类“第一种家养微生物”（见图 1－1）[6]。此外，一些酵母菌可使食物腐败和变质，如威克汉姆酵母属[7]、酿酒酵母属；还有一些种属可引起人类的一些疾病，如白假丝酵母[8]、新型隐球菌[9]可引起鹅口疮、脑膜炎、肺炎、阴道炎等疾病。

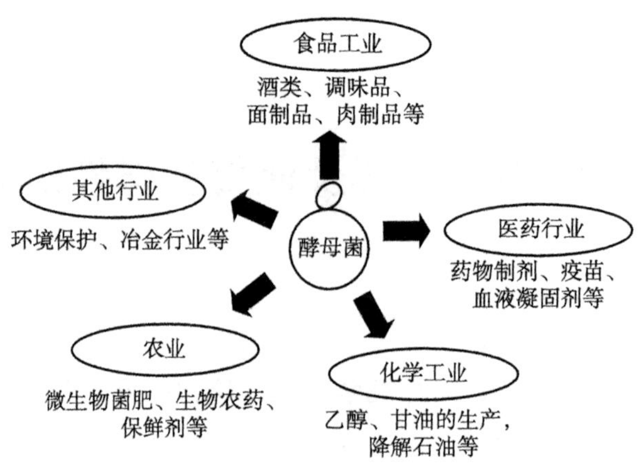

图 1－1　酵母菌的应用领域

（一）酵母菌与食品工业

食品工业是世界上最大的工业之一，也是酵母菌应用最广泛的领域[10]。无论是传统的发酵食品，如酒类（白酒、啤酒、果酒）、调味品（酱油、豆豉、豆瓣酱）、面制品（面包、馒头、饼干）、肉制品（香肠）、乳制品（奶酒、奶酪）等，还是现代化的各种酶制剂（蛋白酶、脂肪酶）、食品添加剂（酵母抽提物、色素、增稠剂）都少不了酵母菌的参与。可以说，酵母菌“养活”了人类。但一些酵母菌也可以引起食物的变质与腐败，被称为腐败酵母。目前发现 15～20 种酵母菌与食物的腐败相关，包括酵母属、马克斯克鲁维酵母（*Kluyveromyces marxianus*）、假丝酵母属（*Candida*）、接合酵母属（*Zygosaccharomyces*）、异常威克汉姆酵母（*Wickerhamomyces anomalus*）、解脂耶罗维亚酵母（*Yarrowia lipolytica*）以及裂殖酵母属（*Schizosaccharomyces*）等。这些腐败酵母菌可通过产生大量的次级代谢产物，如含硫化合物、有机酸、酒精、醛酮类等化合物，严重影响食品的感官质量和品质；或者产生一些危害人体健康的毒素；或者抑制食品生产菌株的活性，导致生产环节的终止[11]。防腐剂的加入，如二氧化硫（SO_2）、山梨酸、苯甲酸，有助于抑制这些腐败微生物的活性。

（二）酵母菌与医药行业

医药卫生领域是发酵工程成绩最显著、应用最广泛、潜力最大、发展最迅速的领域[10]。利用酵母菌作为生物反应器，可生产多种生物医药。可从酵母菌细胞中提取的医用药剂包括凝血质、麦角固醇、辅酶 A、细胞色素 C、酵母多糖、核糖核酸等。酵母菌细胞中含有大量的凝血质，具有较好的凝血作用，可用于各种内外科手术中出血器官的止血，因而是较为理想的凝血质的来源。从培养的酵母菌细胞中提取的凝血质，凝血效果高，操作方便，工艺简单[12]。麦角固醇为维生素 D 的前体物质，可用于治疗维生素 D 缺乏症以及由此造成的软骨病。麦角固醇主要是从酿酒酵母细胞中提取[13]。辅酶 A 是一种可调节糖类、脂肪以及蛋白质代谢的辅助因子，可促进乙酰胆碱、甾体类物质的生物合成，增加肝脏中糖原的积累，降低血液中胆固醇的含量。可以采用工业化的方法从酵母菌细胞中获取辅酶 A。细胞色素 C 是一种相对分子质量为 13000 的球形蛋白，直径 3.4 nm，由 104 个氨基酸组成，为一条单一的多肽链，是细胞线粒体电子传递链中重要组成结构，通过参与细胞的氧化磷酸化，为机体合成能量。利用酵母菌细胞获取细胞色素 C，原料来源丰富，工艺操作简单，还可获得其他副产物，如辅酶 A、酵母多糖[14]。此外，酵母菌还可同化、富集多种对人体有益的矿物元素，如富硒酵母[15]、富铁酵母[16]、富锌酵母[17]、富碘酵母[18]等。因此，运用酵母菌载体来生产微量元素类药物[19]，是一种较为独特的生产方式，具有较好的创新性和广阔的应用前景。酵母菌含有多种人体必需的氨基酸、维生素、脂肪等，菌体本身既可作为人类的营养品和保健品，也可作为动物饲料蛋白来源[20]。

（三）酵母菌与化学工业

多种酵母菌（酿酒酵母、马克斯克鲁维酵母、解脂耶罗维亚酵母等）可转化、生产多种化工产品，如乙醇[21]、石油[22]、甘油[23]、铬渣转化[24]等。马克斯克鲁维酵母能够以木质纤维素、菊粉、乳清等为原料生产乙醇[25]。Castro 等发现马克斯克鲁维酵母 NRRL Y－6860 菌株在 45 ℃条件下，以酸处理后的稻秆作为原料发酵生产的乙醇浓度可达 21.5 g/L，产醇速率为 3.63 g/(L·h)，乙醇转化率达 86%[26]。Aktaş 等发现一株乳清利用率比较高的马克斯克鲁维酵母，编号为 Y－8281，发酵 18 h，可转化利用 95% 的乳糖[27]。Salman 等利用马克斯克鲁维酵母 MTCC 1288 菌株以粗乳清液为原料，发酵生产乙醇，发酵 22 h 可消耗全部乳糖[28]。袁文杰驯化了一株马克斯克鲁维酵母 YX01 用于乙醇的发酵生产，该菌株以菊粉为底物，发酵 235 g/L 的菊粉，乙醇浓度达 92.2 g/L，生物转化率高达 85.5%[29]。刘杰凤等以原油为筛选碳源，从海水、海泥中分离出两株具有较强石油降解能力的季也蒙毕赤酵母 SYB－5 菌株、长孢洛德酵母 SYB－2 菌株。最适条件下培养 5 d，两菌株对原油的降解率分别达到 45.8%、34.4%。两菌株具有协同作用，混合培养 5 d、8 d，原油的降解率分别增加到 53.9%、56.4%[3]。赵贝贝等采用紫外诱变技术，对一株葡萄汁有孢汉逊酵母（*Hanseniaspora uvarum*）GF－23 的甘油的合成代谢途径进行了诱变，获得了一株耐高渗、高产甘油的突变菌株 GY－1。GY－1 可耐受 50 g/L 的氯化钠处理。利用酵母提取物蛋白胨葡萄糖培养基（YPD）发酵 2 d，甘油产量提高到 0.44%，为出发菌株的 3.33 倍，而利用葡萄汁发酵 6 d，甘油产量可提高到 0.49%，为出发菌株的 4.45 倍。此外，该菌株产甘油性能较为稳定[30]。

（四）酵母菌与农业

农业是世界上规模最大和最重要的产业，在一些发达国家，农业领域生产总值占国民生产总值的 20% 以上。农业经济在很大程度上依赖于科学技术的进步，而酵母菌则为农业大发展提供了强有力的支持。酵母菌可作为一种生物菌肥、生物农药，应用于农业生产。

土壤酵母是一种新型微生物肥料，生态环保。土壤酵母代谢产生的某些活性物质（如生长素、细胞分裂素、赤霉素等）可通过平衡农作物对营养的吸收，调节农作物的生长发育。土壤酵母还可以疏松土壤，提高土壤的透气性。土壤酵母能产生一些抗生素，杀死一些农业病虫害，从而提高农作物的产量，改善农作物的品质[31]。

一些酵母菌如异常威克汉姆酵母[32]、葡萄汁有孢汉逊酵母[33]、毕赤酵母[34]等，分泌一些毒性因子，具有广谱的抑菌作用，能够杀死一些有害微生物，可用于水果、蔬菜的保鲜。

农业生产中产生的一些废弃物，可作为酵母菌的碳源，用于生产虾青素[35]、乙醇[36]等产品。虾青素（astaxanthin），又名 β－胡萝卜素，具有多种生物学活性，能清除机体内过多的自由基，可提高机体的免疫能力，在食品、医药、养殖业有着广泛的用途。虾青素的主要制备方法为化学合成法、动物提取法、微生物合成法。微生物合成法因其生产周期短、提取方便、效率高等多方面的优点而被广泛关注。虾青素生产菌种多采用红法夫酵母（*Phaffia rhodozyma*），菌株生长温度为 4 ~ 27 ℃，最适 pH 为 6. 0 左右，合成色素最适 pH 为 5. 0 左右。在红法夫酵母最适合的生长条件下，细胞内积累大量的类胡萝卜素，其中虾青素比例为 45% ~90%[35]。

（五）酵母菌与其他行业

酵母菌通过分解环境中的一些有机物，从而达到净化废水[37]、废渣[38]、废物[39]的目的，在环境保护中大有作为。一些酵母菌对一些化合物进行生物转化，被应用于医药[40]、冶金等领域。

二、酵母菌的形态结构

大多数酵母菌为单细胞真核生物，通常为球形、椭球形、圆柱形、腊肠形和柠檬形（见图 1 －2）。酵母菌大小为（1 ~5）μm ×（5 ~30）μm，最大可达 100 μm，酵母菌细胞的直径约为细菌的 10 倍[1]。

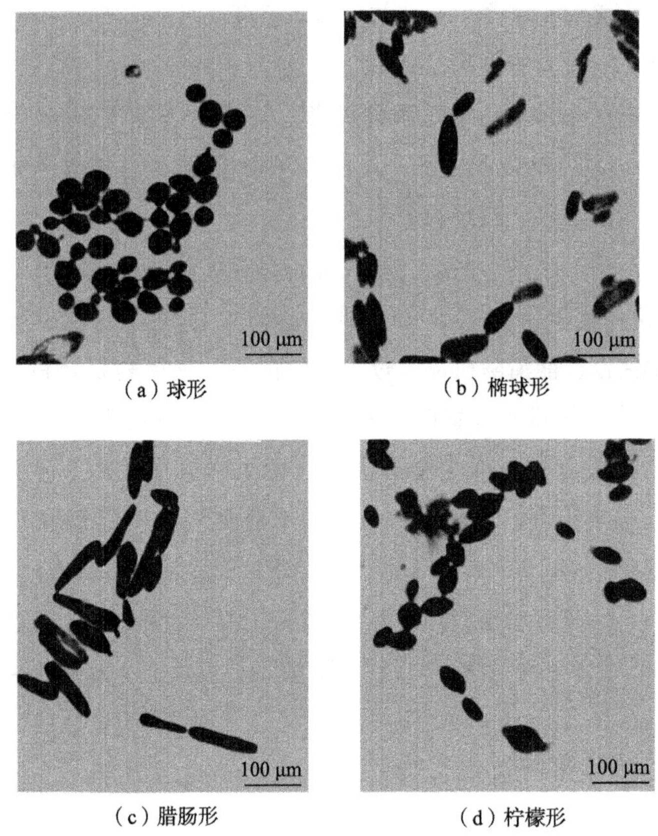

（a）球形　（b）椭球形　（c）腊肠形　（d）柠檬形

图 1－2　酵母菌形态结构

注：Bar = 100 μm。

酵母菌细胞包括细胞壁、细胞膜、细胞核以及其他细胞结构。细胞壁厚约 25 nm，主要由甘露聚糖、蛋白质、葡聚糖组成，为典型的“三明治”结构，其中葡聚糖为细胞壁的主要机械支撑部分。酵母菌的细胞壁可被蜗牛酶消化掉，从而形成原生质体，可用于酵母菌的遗传改造。

酵母菌细胞膜由蛋白质（约占细胞膜干重的 50%）、类脂（占细胞膜干重的 40%）和糖类组成。类脂种类包括甘油的单酯、双酯、三酯，甘油磷脂（卵磷脂、磷脂酰乙醇胺），甾醇（麦角甾醇、酵母甾醇）；而构成酵母菌细胞膜的糖类主要为甘露聚糖。酵母菌细胞膜中的麦角甾醇含量较为丰富，它是维生素 D 的前体，经紫外线照射可转化为维生素 D_2，因此可从酵母菌中分离提取麦角固醇。

酵母菌为真核生物，具有定形的细胞核，由多孔的核膜包裹起来，为遗传物质主要储存结构。通过显微设备（如相差显微镜）可观察到活细胞中的细胞核。利用染料法（如碱性品红、吉姆萨）还可观察到细胞中的染色体结构。多种酵母菌株的基因组序列已测序完成，成为公共资源，如酿酒酵母[41]、异常威克汉姆酵母[42]、马克斯克鲁维酵母[43]等。

酿酒酵母是第一个基因组序列被测序完成的真核生物，1996 年其基因组全序列被公布，大小为 12.05 Mb，包含 6500 个基因。酵母菌的线粒体、质粒中也含有遗传物质 DNA。酵母菌的线粒体 DNA 为环状结构，相对分子质量为 5.0×10^{7}，约占细胞 DNA 总量的 15%。在酿酒酵母细胞核还发现了被称为 2 μm 质粒的闭合环状的超螺旋 DNA 结构，通常在一个细胞中含有 60 个左右，占总 DNA 含量的 3%。可作为酵母菌遗传转化的理想载体，构建基因工程菌，实现对酵母菌的遗传改造。成熟的酵母菌细胞中含有一个较大的液泡结构。在某些特殊酵母菌物种中还含有微体等细胞器结构。

三、酵母菌的繁殖方式

酵母菌的繁殖方式多样化，可分为无性繁殖和有性繁殖两大类。无性繁殖包括芽殖、裂殖 2 种形式。芽殖（即出芽生殖）是酵母菌最常见的一种繁殖方式。在营养充足、生存条件适宜的条件下，酵母菌采用出芽生殖的方式进行繁殖，在母细胞上长出芽体，芽体形成 1 个子代（见图 1－3）。而且芽体上还可以长出新的芽体，形成簇状的细胞团结构，或细胞串结构（被称为菌丝结构）。

某些酵母菌采用裂殖进行繁殖，如裂殖酵母属[44]。酵母菌的裂殖采用的是二分裂的形式，与细菌相似。少数酵母如掷孢酵母属（*Sporobolomyces*）[45]可在其营养细胞上长出小梗，上面长出掷孢子结构，其肾形孢子成熟后即喷射出去。

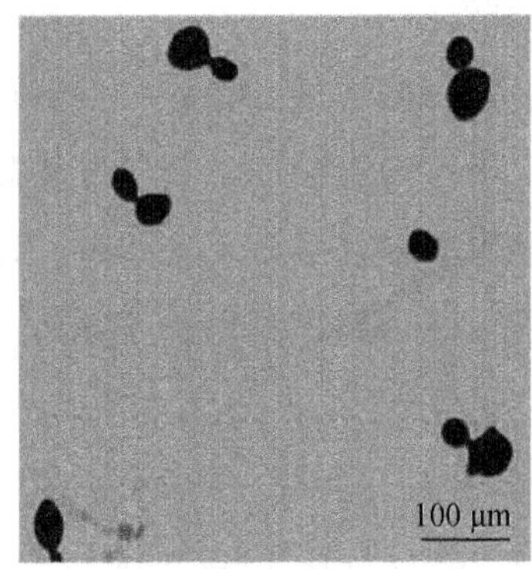

图 1-3　酵母菌的出芽生殖

注：Bar = 100 μm。

酵母菌通过形成子囊和子囊孢子进行有性繁殖。两个邻近的形态相同而性别不同的细胞，通过管状的原生质突起进行接触和融合，形成双倍体细胞核，然后再进行质配、核配以及减数分裂，从而形成 4 个或者 8 个子核。每个子核与周围的原生质一起形成子囊孢子，形成子囊孢子的细胞称为子囊。

第二节　酵母菌分类、多样性及研究方法

酵母菌种类繁多，不同类别的酵母菌形态特征与生理特性差异较大，因而应用价值也不同。因为酵母菌这一名称本身不具有任何分类学意义，所以对酵母菌进行精确的分类尤为重要。酵母菌的分类最初以形态特征和生理特性为主，但不同种类的酵母形态特征和生理特性可能具有相似性。随着技术的不断发展和进步，一些新的分离方法被应用于酵母菌的分类，使分类更加准确。因此，本节重点介绍酵母菌分类与研究方法。

一、酵母菌的分类

为了更好地识别和研究各种生物体，分类学家根据生物体的客观属

性，如形态特征、生理特性将生物体分为不同的分类单元，如域（Domain）、界（Kingdom）、门（Phylum）、纲（Class）、目（Order）、科（Family）、属（Genus）、种（Species）。把主要属性和基本属性相似的列为一个域，域内的生物体再找出差别与相似，归为界，以此类推，直到种水平。种是最小的分类单位。当然，有时候还会增加“亚等级”的分类单位，如“亚门、亚属、亚种”等[46]。

生物学家根据生物体的形态学和生理学特征，将整个生物世界先后分为两界、三界、五界、八界系统。两界是指动物界、植物界；三界包括原生生物界、动物界、植物界；五界则包括了原生生物界、原核生物界、真菌界、动物界、植物界；八界为细菌总界（真细菌界、古细菌界）、真核总界（原始动物界、原生动物界、植物界、动物界、真菌界、藻菌界）。

根据国际真菌学研究机构出版的权威著作《真菌词典》（第十版）和《酵母菌的分类研究》标准，将酵母菌分属于真菌界。依据酵母菌的形态特征、生理特性以及生化特征，将酵母菌由真菌界进一步分为子囊菌门（Ascomycota）、担子菌门（Basidiomycota）以及半知菌门。子囊菌门的酵母无性繁殖为芽殖和裂殖，有性生殖则由两个营养细胞或两个子囊孢子形成子囊结构；担子菌类酵母则以芽殖为主要的无性繁殖方式，有性繁殖不形成子实体，可形成单核或者双核菌丝；半知菌类酵母不能产生有性孢子。

二、酵母菌的命名

国际上通用的物种命名方式为双名法。双名法由瑞典科学界林奈确立，指一个物种的学名由前面的属名和后面的种名两部分组成。属名首字母需大写，种名需小写（由人名、地名或者其他名次衍生出）。出现在分类学文献中时，还须在双名后加上首次命名人、现名命名人以及现名的命名年份。而在一般的期刊中出现时，则不必加。

酵母菌的命名主要采用的是双名法。如酿酒酵母：*Saccharomyces cerevisiae*，季也蒙毕赤酵母：*Pichia guilliermondii*，马克斯克鲁维酵母：*Kluyveromyces marxianus*。按照国际植物命名法规（International Code of Botanical Nomenclature，ICBN）的命名规则，酵母菌的有性世代和无性世代分别命名。但随着分子生物学方法逐渐应用于酵母菌的命名中，酵母菌的有性世代和无性世代命名逐步统一起来，酵母菌的命名规则也发生了变化。酵母菌分子进化树上同一进化树枝上的酵母则按照国际藻类、菌物和植物命名法规（International Code of Botanical Nomenclature for algae，fungi，and plants）规定的法则进行重新分类和命名。

三、酵母菌的多样性

酵母菌广泛分布于自然界，种类繁多。酵母菌一般具有以下特征：①个体以单细胞存在；②大多数采用出芽生殖，少数采用裂殖或芽裂；③可发酵糖类；④多存在于含糖高、酸性的环境；⑤细胞壁常含有甘露聚糖。

（一）酵母菌种属多样性

以葡萄相关酵母菌为例，迄今为止，已发现 18 个属、70 多个种。根据酵母菌的发酵特性，可分为酿酒酵母和非酿酒酵母两大类[47]。酿酒酵母发酵性能和酒精耐受性强，主要进行酒精发酵，发酵产物除酒精外，还包括多种香气物质，如醇类、酸类、酯类、醛酮类等。酿酒酵母在酒精发酵的中、后期为优势菌株[48]。

非酿酒酵母是一类除酿酒酵母之外的所有酵母属的总称，包括德克酵母属（*Dekkera*）、威克汉姆酵母属、克勒克酵母属（*Kloeckera*）、有孢汉逊酵母属（*Hanseniaspora*）、克鲁维酵母属（*Kluyveromyces*）、红酵母属（*Rhodotorula*）等[49]。非酿酒酵母在水果原料、酿造环境中均有分布，通常对酒精较为敏感，一般在酒精发酵的前期为优势菌株，但随着酒精浓度的不断积累而逐渐死亡[50]。多种非酿酒酵母可分泌一些酶类，如糖苷酶、蛋白酶、果胶酶、脂肪酶、淀粉酶等，可水解原料中的相关底物，促进结合态风味前体物质的水解，释放出游离的香气物质，进而调节食品的风味特性[51]。还有些非酿酒酵母可产生高浓度的甘油，对食品的口感和复杂度有着积极的调节作用。

酵母菌的分布具有时空特异性。陈汝等从红富士苹果的果实表面分离到13个属、20个种共计163株酵母菌。其中6个属、10个种、95株为子囊菌；6个属、9个种、53株为担子菌；其余为普鲁兰短梗霉（*Aureobasidium pullulans*），且毕赤酵母属（*Pichia*）、假丝酵母属、隐球酵母属（*Cryptococcus*）为优势属[52]。刘晓柱等研究表明，酿酒酵母、有孢汉逊酵母、茶叶籽酵母（*Meyerozyma caribbica*）、库德里阿兹威毕赤酵母（*Pichia kudriavzevii*）、热带假丝酵母（*Candida tropicalis*）为空心李表皮可培养酵母菌[53]。新疆石河子地区红提葡萄表皮可培养酵母菌包括毕赤酵母属、有孢汉逊酵母属（*Hanseniapora*）、梅奇酵母属（*Metschnikowia*）[54]。新疆石河子地区生长的月季花附生着丰富的酵母菌种群资源，高通量测序技术鉴定出3个门、10个纲、13个目、22个科、37个属、90个种。优势门为担子菌门，优势属为线黑粉菌属（*Filobasidium*）。但酵母菌各种群丰富度差异较大。此外，还鉴定出3个属、4个种的可培养酵母菌，分别为乌兹别克斯坦隐球酵母（*Cryptococcus uzbekistanensis*）、季也蒙毕赤酵母、浅白隐球酵母（*Cryptococcus albidus*）、胶红酵母（*Rhodotorula mucilaginosa*）[55]。在浙江雁荡山的叶片上鉴定出75种酵母菌资源，包括常见的*Sporobolomyces*、*Bulleribasidium*、*Derxomyces*、*Coniochaeta*、*Bullera*、*Erythrobasidium*、*Fellozyma*、*Ruinenia*、*Golubevia*、*Rhodosporidiobolus*、*Kockovaella*、*Bannoa*、*Saitozyma*、*Symmetrospora*、*Cryptococcus*、*Moesziomyces*、*Oberwinklerozyma*、*Phyllozyma*、*Taphrina*、*Kondoa*、*Tilletiopsis*、*Udeniomyces*、*Coniosporium*、*Elsinoe*、*Leucosporidium*[56]。从西藏拉鲁湿地水体中鉴定出15个属、31个种、169株酵母菌资源。其中，*Filobasidium magnum*、*Ustilentyloma graminis*为优势种；*Cystofibasidium*、*Naganishia*、*Filobasidium*、*Ustilentyloma*为优势属[57]。云南星云湖水体中鉴定出18个属、37个种、797株酵母菌资源，优势种为胶红酵母[58]。

随着酵母分类与鉴定方法的不断进步，新的酵母物种也不断被发现和报道。仅2019年就有28个酵母新种被发现，并被发表在国际权威的微生

物分类学杂志 *International Journal of Systematic and Evolutionary Microbiology*（IJSEM）上。2020 年度，我国学者从植物叶际和土壤中发现 107 个酵母新种，并发表在国际真菌学杂志 *Studies in Mycology* 上，其中 46 株为伞菌亚门，61 株为柄锈菌亚门。Ke 等从云南西双版纳热带雨林的腐烂木材中分离出包括 *Kazachstania* 在内的 5 个酵母菌新种[59]。Gao 等从河南宝天曼自然保护区中分离出 2 株毕赤酵母属新种[60]。Avchar 等从酿酒厂废液中分离出一株可在 42 ℃条件下生长的拟威克酵母属（*Wickerhamiella*）新种 *W. shivajii* sp. nov.，为拟威克酵母属中目前发现的最耐热种[61]。李明霞等从湖北神农架霉腐树叶上分离出一株克鲁维酵母属新种，被命名为湖北克鲁维酵母（*Kluyveromyces hubeiensis* M. X. Li. X. H. Fu et Tang sp. nov.）[62]。张伟等从河北保定槐茂甜面酱中分离出一株固囊酵母属（*Citeromyces*）新种，命名为保定团囊酵母（*Citeromyces baodingensis* zhang sp. nov.）[63]，该酵母菌可同化半乳糖、纤维二糖、不同化海藻糖、棉籽糖。随着越来越多酵母新种被发现，越来越多天然的酵母菌资源将会被进一步应用于各种工业领域。

（二）酵母菌遗传多样性

遗传和变异是生物界生命活动的基本属性之一。没有变异，生物界就失去进化的素材；而没有遗传，变异也无法积累[64]。酵母菌在长期的自然环境适应中，其种群也会发生变化。通过对酵母菌大规模菌株基因组的研究，有助于分析其种群遗传多样性。研究表明，野生酿酒酵母菌株间的遗传特性差异较大。与人类关系密切的菌株和与人类活动关系较远的菌株在进化上存在较远的进化距离[65]。Peter 等利用基因组测序方法对 1011 株天然的酿酒酵母进行了分析，并利用不同的生理环境条件对其中的 971 株进行了表型检测。结果发现菌株的单核苷酸多态性（Single Nucleotide Polymorphisms，SNPs）的变异频率比较低，拷贝数的变异对表型的影响更大[66]。Gallone 等分析了 157 株工业化酿酒酵母的基因组与表型，发现工业化酿酒酵母与野生酿酒酵母的表型相差较远，工业化酿酒酵母对糖的利用能力、酒精耐受能力以及风味物质的产生能力等方面更优于野生酵母菌。此外，工业化酿酒酵母麦芽糖代谢相关基因 *MAL* 的拷贝数也多于野生酵母菌。这可能是工业化生产环境对酵母菌长期驯化选择的结果[67]。

（三）酵母菌生理代谢多样性

何曼从河北昌黎 4 个葡萄园土壤中分离出 82 株酿酒酵母、83 株非酿酒酵母，共计 165 株酵母菌[68]。非酿酒酵母包括美极梅奇酵母（*Metschnikowia pulcherrima*）、栗酒裂殖酵母（*Schizosaccharomyces pombe*）、酒香酵母（*Brettanomyces*）、泽姆普林纳假丝酵母（*Candida zemplininaj*）、异常汉逊酵母（*Hansenula anomala*）、膜醭毕赤酵母（*Pichia membranaefaciens*）、戴尔有孢圆酵母（*Torulaspora delbrueckii*）、葡萄汁有孢汉逊酵母、路德氏酵母（*Saccharomyces ludwigii*）、克鲁维毕赤酵母（*Pichia kluyveri*）、拜耳接合酵母（*Zygosaccharomyces bailii*）。酿酒酵母 GY1 菌株、戴尔有孢圆酵母 M9 菌株、膜醭毕赤酵母 J24 菌株可耐受 500 g/L 的葡萄糖和 200 mg/L 的 SO_2 胁迫处理。拜耳接合酵母 GY13 菌株、戴尔有孢圆酵母 M9 菌株可耐受 15% 的酒精处理。酿酒酵母 GY1 菌株、膜醭毕赤酵母 J24 菌株可耐受 pH 为 2.5 的环境。膜醭毕赤酵母 J24 菌株低温耐受性较好。来源于空心李的酿酒酵母 H18 菌株、库德里阿兹威毕赤酵母 H3 菌株、葡萄汁有孢汉逊酵母 H8 菌株以及茶叶籽酵母 H5 菌株，稳定期的菌株生物量高于商业化酿酒酵母 X16 菌株，酿酒酵母 H18 菌株、库德里阿兹威毕赤酵母 H3 菌株对葡萄糖、酒精、SO_2 以及柠檬酸的耐受性较好，库德里阿兹威毕赤酵母 H3 菌株高产 β－葡萄糖苷酶（β－glucosidase，EC3.2.1.21），热带假丝酵母 H36 菌株、酿酒酵母 H18 菌株低产硫化氢[51]。

四、酵母菌鉴定方法

（一）形态学鉴定

酵母菌的形态学特征包括菌落特征、细胞形态特征、繁殖方式、孢子类型等。

经过一段时间的培养，单个酵母菌细胞或者同种酵母菌细胞在固体培养基表面可形成一团肉眼可见的、具有一定的形态构造的细胞集团，称为菌落。各种酵母菌在一定条件下所形成的菌落结构特征具有稳定性。菌落结构特征一般包括形状、大小、颜色、表面、边缘、质地等。一般酵母菌的菌落较湿润、透明、边缘整齐，但不同酵母菌所形成的菌落结构特征不同。如酿酒酵母在 WL 营养琼脂（Wallerstein laboratory nutrient agar）培养基上菌落为奶油色、球状、突起、不透明、表面光滑［见图 1－4（a）］；*Rhodosporidiobolus ruineniae* 菌落为红色、球状、光滑、不透明、边缘平整［见图 1－4（b）］；假丝酵母（*Candida oleophila*）菌落边缘黄白色，中间蓝绿色，球状，表面光滑、不透明［见图 1－4（c）］。

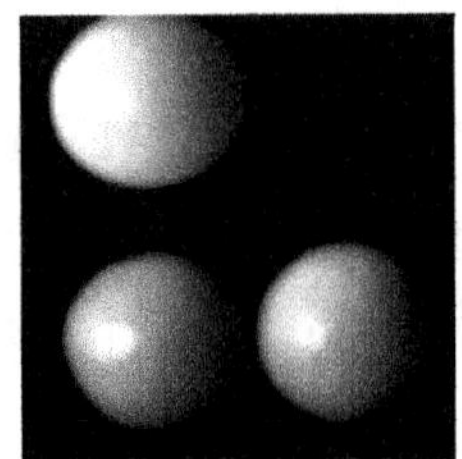
（a）酿酒酵母菌落

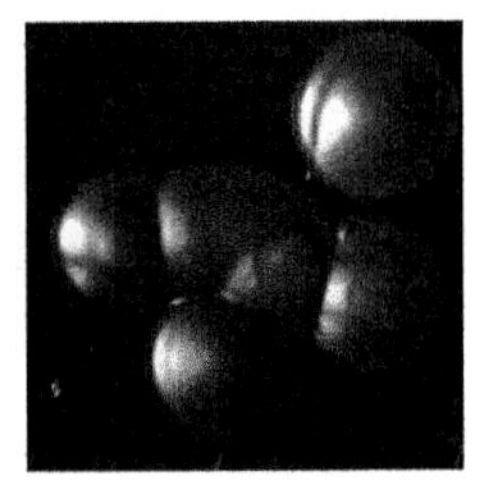
（b）*Rhodosporidiobolus ruineniae* 菌落

（c）假丝酵母菌落

图 1－4　酵母菌在 WL 培养基上菌落形态特征

酵母菌细胞的形态多样化，可作为酵母菌鉴定的依据。酵母菌细胞形态可通过显微镜进行观察，有球形、椭球形、圆柱形、腊肠形和柠檬形等。如酿酒酵母形态为球形或椭球形［见图 1－5（a）］，热带假丝酵母细胞形态为椭球形或卵圆形［见图 1－5（b）］，库德里阿兹威毕赤酵母细胞形态为腊肠形［见图 1－5（c）］，葡萄汁有孢汉逊酵母细胞形态为柠檬形［见图 1－5（d）］。

形态特征是酵母菌分类学中一项比较重要的依据，目前一些权威的酵母菌鉴定系统也是基于此而建立和发展起来的。该方法简单、便捷、易行，但也存在一些局限性。例如，酵母菌在不同的培养条件下细胞的形态特征不稳定，会发生变化，导致鉴定结果不准确，结论不可靠。因此，还

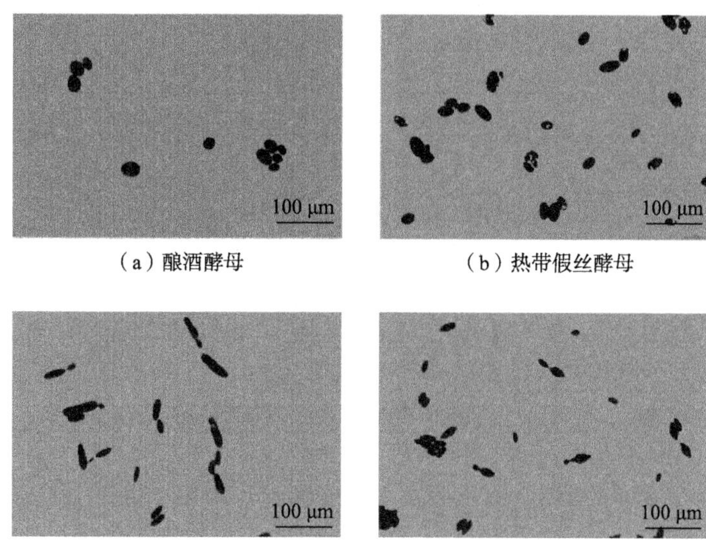

（a）酿酒酵母　（b）热带假丝酵母

（c）库德里阿兹威毕赤酵母　（d）葡萄汁有孢汉逊酵母

图 1－5　酵母菌细胞的显微镜形态特征

注：Bar = 100 μm。

需结合其他的鉴定方法。此外，由于自然环境中仅有 0.1% ~10% 的微生物可以被培养分离，形态学分类法无法对所有的酵母菌进行培养和鉴定，不能真正揭示出某些特定环境中酵母菌的种群结构。

（二）生理生化特征鉴定

微生物生理生化特征与其代谢调控直接相关，既有微生物的蛋白质和酶类的直接参与，也包括了多种代谢物相互作用，因此生理生化特征是微生物系统学的重要基础信息，可作为鉴定微生物类别的一项重要依据。微生物的生理生化特征检测方法发生了较大变化，仪器检测逐渐替代手工操作，操作效率和准确率大幅提高。常用微生物生理生化特征鉴定指标如表 1－1 所示。

表 1－1　常用微生物生理生化特征鉴定指标

生理生化特征	鉴定指标
营养类型	光能自养型、光能异养型、化能自养型、化能异养型、兼养型
对碳源的利用	对糖类、醇类、有机酸的利用能力
对氮源的利用	有机氮、无机氮的利用能力
需氧特性	好氧型、厌氧型、兼性厌氧型
温度特性	最适、最高、最低温度以及致死温度
pH 特性	最适 pH、pH 适应范围
渗透压的适应性	对盐、蔗糖等适应性
产酶特性	产过氧化氢酶、氧化酶、DNA 酶等
代谢物	代谢物种类、特征代谢物
与宿主关系	寄生、共生、致病性等
产气或利用气体特性	产硫化物、氢气、甲烷等

可用于酵母菌分类的生理生化指标包括：①对碳源的利用能力，如不同的糖类（单糖、二糖、多糖）、醇类、有机酸等；②对氮源的利用能力，包括有机氮（蛋白胨、玉米浆、牛肉膏）和无机氮（主要是铵态氮）；③产酶能力，如糖苷酶、蛋白酶、脂肪酶等；④能否在葡萄糖条件下生长；⑤能否在含放线菌酮条件下生存；⑥能否在 37 ℃条件下生长；⑦能否分解尿素；⑧能否产酸等。如酿酒酵母属可发酵利用 D－葡萄糖；有孢汉逊酵母属可利用硝酸盐；德克酵母属可以产酸，隐球酵母属可利用肌醇为碳源，进行生长。

（三）化学分类

化学分类法通过分析细胞的化学组分，根据它们之间的相似性，结合其他特性对生物进行分类与鉴定。包括细胞壁组分、细胞脂类组分、醌类和多胺组分、蛋白质类等。

酵母菌的细胞壁主要成分是多糖类，但不同类群之间在结构和化学组分上存在一定的差异。酵母细胞壁多糖组成可分为两大类：第一大类包括甘露聚糖、葡萄糖、半乳糖和 N－乙酰葡糖胺；第二大类包括果糖、鼠李糖、木糖等。多糖分类法操作烦琐，可靠性差，应用较少。

20 世纪 80 年代，全细胞脂肪酸分类法被应用于酵母菌的分类。通过对不同酵母菌脂肪酸组成进行测定，可较好地对酿酒酵母属、红酵母属、克鲁维酵母属、毕赤酵母属、红冬孢子酵母属进行区分。史国利等采用气相色谱方法对 35 株假丝酵母全细胞长链脂肪酸的组成与含量进行了测定，并对菌株进行了分类[69]。35 株酵母菌检测出包括软脂酸（$C_{16:0}$）、棕榈油酸（$C_{16:1}$）、硬脂酸（$C_{18:0}$）、油酸（$C_{18:1}$）、亚油酸（$C_{18:2}$）、亚麻酸（$C_{18:3}$）在内的 38 种脂肪酸。根据脂肪酸的主成分分析可将这些脂肪酸分为 PC1 正轴和负轴两大类群，分群的结果与表观性状的聚类分析结果较为一致。

（四）分子生物学分类

随着分子生物学技术的发展，DNA－DNA 杂交、染色体分型、DNA 的限制性片段长度的多态性、基因芯片、宏基因组学等被广泛应用于各类酵母菌的鉴定[70]，具有快速、简便、准确等优点。

1. 核糖体 DNA（rDNA）鉴定法

真核生物的 rDNA 有 5S、5.8S、18S、26S 共 4 种沉降系数不同的片段（见图 1－6）。目前，酵母菌的鉴定一般选用 26S rDNA 的 D1/D2 区序列或 ITS 序列。26S rDNA D2 区域多态性差异同种之间小于 1%，不同种之间远大于 1%。绝大多数酵母菌株的 26S rDNA 大亚基序列已被报道。根据 26S rDNA D1/D2 区域设计引物 NL1（5′－GCATATCAATAAGCGGAGGAAAAG－3′）、NL4（5′－GGTCCGTGT TTCAAGACGG－3′）进行扩增、序列测定与比对，根据序列同源性对酵母菌进行分类。该方法已成为酵母菌分子生物学分类鉴定的主要方法，被广泛采用。王琦琦等从新疆石河子蟠桃园不同年龄的土壤、叶片上分离出 129 株可培养酵母菌，形态学、生理生化特征以及 26S rDNA D1/D2 区域序列分析表明，这些酵母菌分属于 12 个属、17 个种[71]。周巧等从云南祥云、洱海、晋宁、泸沽湖、程海 5 个地区的戟叶酸模花中，采用26S rDNA D1/D2 区域序列比对法鉴定出6个属、16个种、1个潜在新种，共计82 株酵母菌、99 株类酵母菌[72]。陈汝等利用26S rDNA D1/D2 区域序列比对法、形态学特征以及单链构象多态性（SSCP）分析从北京顺义红富士苹果园的叶片、果实、树皮、土壤中共鉴定出13个属、21个种、129 株酵母菌[73]，优势属为毕赤酵母属（包括4个种）、隐球酵母属、*Pseudozyma*；从山东泰安红富士苹果园中鉴定出13个属、26个种、共291 株酵母菌，优势属为假丝酵母、毕赤酵母属和隐球酵母属。铁春燕等对来源于传统发酵工业环境及相关实验室的30 株酿酒酵母，利用26S rDNA D1/D2 区域比对法分析了其种内遗传多样性与系统发育关系[74]，发现这30 株酿酒酵母的26S rDNA D1/D2 区域序列较为保守，与酿酒酵母模式菌株S288C 的序列相似度在99.8% ~100%，说明酿酒酵母种内菌株间存在一定的差异，但差异比较小，多为个别碱基的转换造成。26S rDNA D1/D2 区域分析法对某些亲缘关系较为接近的种不能较好地区分和鉴定。因此，该方法还需与其他方法（如DNA 杂交、ITS 方法）相结合，进一步确认。

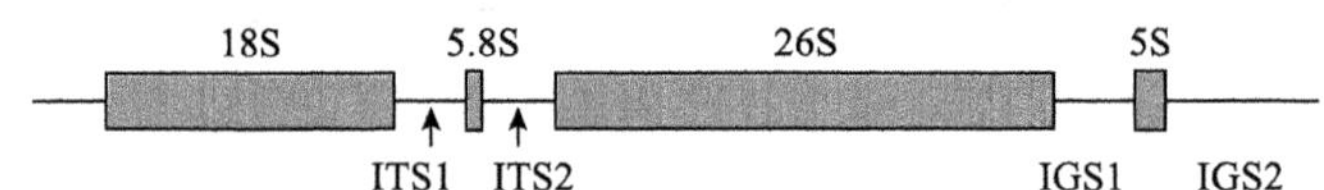

图1－6　真核生物核糖体编码序列（5′－3′）

2. ITS 序列分析法

ITS1、ITS2 为18S rDNA 与5.8S rDNA，5.8S rDNA 与26S rDNA 的间隔区（见图1－6）。可根据ITS1、ITS2 区域序列，设计保守引物ITS1（5′－TCCGTAGGTGAACCTGCGG－3′），ITS4（5′－TCCTCCGCT TAT TGATATGC－3′）扩增ITS1－5.8S－ITS2 rDNA 区域片段，通过分析扩增产物的多态性对酵母菌进行鉴定与分类，该方法的扩增特异性优于26S rDNA D1/D2 序列分析法。王东玉从内蒙古呼和浩特地区的20 份海棠果样品中分离出4 株酵母菌[75]，利用5.8S－ITS 区域的聚合酶链式反应－限制性片段长度多态性（PCR－RFLP）方法将这4 株酵母菌鉴定为酿酒酵母、路德氏酵母、葡萄汁有孢汉逊酵母、克鲁维毕赤酵母。

3. 随机扩增多态 DNA（random amplified polymorphic DNA，RAPD）分析法

该方法采用随机引物（约 10 个碱基）作为扩增引物，通过比较不同菌株间扩增的 DNA 多态性，进而分析菌株间基因组 DNA 核苷酸序列的变异性。根据差异的大小对菌种进行分类与鉴定。因此，对 RAPD 技术而言，选取合适的引物最为关键。Steffan 等利用引物 CX5（5′-ACACTGCTTC-3′）、PST（5′-CAGTTCTGCAG-3′）较好地对临床上常见的非白色念球菌类假丝酵母进行了鉴定和区分[76]。Gomes 等采用 RAPD 技术的 7 对引物对分离的 10 株酵母菌（5 株来自乙醇燃料生产菌种，5 株来自啤酒生产菌种）进行了鉴定，RAPD 技术可较好地区分这些酵母菌[77]。方维明等对不同来源的 23 株酿酒酵母进行了多态性分析，从 50 条随机引物中筛选出 2 条具有较好鉴别性能的随机引物（P09、P46）。引物 P09 扩增片段长度为 433 bp，引物 P46 扩增片段长度为 665 bp[78]。因此，RAPD 技术在亲缘关系较近的酿酒酵母研究中具有重要作用。

4. 高通量测序技术

随着高通量技术的不断发展，高通量技术准确率高、成本低、周期短，能够更加全面揭示样品中微生物群落信息，被广泛应用于酵母菌多样性及分类的研究。在酒类酿造领域，高通量测序技术被用于对酒曲、酒醅、窖泥、酿造环境等样本中酵母菌种属的鉴定研究。如在白酒领域，罗方雯等采用高通量测序技术对贵州茅台镇酱香型白酒酿造环境及生产所用大曲中酵母菌种群进行了鉴定，从环境中鉴定出 52 个属的酵母菌，大曲中鉴定出 33 个属的酵母菌，在属水平，环境中酵母菌的总数高于大曲[79]。环境中优势酵母为 *Saccharomycopsis*、异常威克汉姆酵母属、隐球酵母属、*Debaryomyces*；大曲中的优势酵母为异常威克汉姆酵母属、覆膜孢酵母属（*Saccharomycopsis*）；环境样品与大曲样品中酵母的种群类别差异较大，环境中酵母菌物种丰富度更高，大曲中的酵母菌主要来自酿造环境。此外，该

研究还首次从酱香型白酒酿造中发现一些新的酵母种属：*Erythrobasidium*、*Kuraishia*、*Dioszegia*、*Ballistisporomyces*、*Fellomyces*、*Kurtzmanomyces*、*Agaricostilbum*、*Bullera*、*Yamadazyma*、*Arachnomyces*、*Cystofilobasidium*、*Eremothecium*、*Gibellulopsis*、*Filobasidium*、*Aessosporon*。周森等采用高通量测序技术对清香型大曲微生物种群进行了研究，发现主要的真菌为扣囊覆膜酵母（*Saccharomycopsis fibuligera*），主要细菌为乳酸菌、芽孢杆菌[80]。谭壹运用高通量测序技术对来自四川宜宾浓香型白酒糟醅中酵母菌多样性与时空分布特点进行了分析，从糟醅中共鉴定出 54 个属、92 个种的酵母菌。酿酒酵母、克鲁维毕赤酵母、拜耳接合酵母、*Geotrichum silvicola*、*Kazachstania humilis*、*Kazachstania exigua* 为其优势种，在整个发酵过程中的上层与下层的糟醅中，时空分布具有差异性[81]。在葡萄酒领域，Wang 等采用多种非培养技术，包括高通量测序、变性梯度凝胶电泳（denatured gradient gel electrophoresis，DGGE）、实时荧光定量 PCR（qPCR），分析了西班牙普里奥托拉（Priorat）地区的 3 个葡萄园中歌海娜、佳丽酿发酵过程中酵母菌群落结构变化[82]，发现高通量测序技术可鉴定出样本中的绝大多数酵母菌，较其他方法具有较好的优势，但不能对样本中的酵母菌进行定量监测。高通量测序技术还发现了葡萄酒发酵过程中的主要的酵母菌属有酿酒酵母属、汉逊酵母属（*Hansenula*）、有孢汉逊酵母属、假丝酵母属、毕赤酵母属等。在黄酒领域，Xie 等采用高通量测序技术分析了不同发酵时间绍兴黄酒酿酒微生物多样性，发现不同发酵时间微生物群落结构差异较大，其优势种类与数量也不同[83]。在其他种类酒研究领域，Mendoza 等采用高通量测序技术从安第斯吉开酒发酵过程中鉴定出 100 多种酵母菌，其中一半以上的酵母菌为丝状真菌属[84]。高通量测序技术也存在一定的不足，只能解析微生物的种群类别，不能揭示各种微生物的功能与代谢特征。

5. 宏基因组测序技术（metagenomics）

该技术可较好地明确微生物的多样性、种群结构、进化关系、功能活性、相互协作关系及与环境之间的关系。Tao 等采用宏基因组测序技术从浓香型白酒窖泥样本中检测出脂肪酸碳链延伸途径中的关键基因，重构了脂肪酸碳链延伸途径，揭示了窖泥微生物具有以乙醇或丙酮酸为底物合成己酸的能力[85]。Wolfe 等采用宏基因组测序技术对来自 10 个国家的 137 份奶酪表皮微生物群落进行了鉴定，检测出 24 种微生物，包括真菌和细菌两大类。而且，这些微生物在奶酪中的分布具有高度的可重复性[86]。

参考文献

[1] 沈萍，陈向东. 微生物学 [M]. 8 版. 北京：高等教育出版社，2016.

[2] OHNUKI S，ENOMOTO K，YOSHIMOTO H，et al. Dynamic changes in brewing yeast cells in culture revealed by statistical analyses of yeast morphological data [J]. Journal of Bioscience and Bioengineering，2014，117 (3)：278－284.

[3] 刘杰凤，马超，刘正辉，等. 海洋石油降解酵母的分离鉴定与降解特性 [J]. 环境科学研究，2013，26 (8)：899－905.

[4] 郭建，伍学明，樊君，等. 鲁氏酵母和球拟酵母不同接种方式对高盐稀态酿造酱油品质的影响 [J]. 中国调味品，2019，44 (2)：100－104.

[5] 艾栗斯. 酵母：与人类同行的微生物 [N]. 北京日报，2021－02－19 (016).

[6] 周德庆. 微生物学教程 [M]. 3 版. 北京：高等教育出版社，2011.

[7] PADILLA B，GIL J V，MANZANARES P. Challenges of the non－conventional yeast *Wickerhamomyces anomalus* in winemaking [J]. Fermentation，2018，4 (3)：1－14.

[8] 胡垚，程磊，郭强，等. 白假丝酵母与口腔常见细菌相互作用的进展研究 [J]. 国际口腔医学杂志，2019，46 (6)：663－669.

[9] 李静乔，余泽波. 新型隐球菌性脑膜炎患者预后影响因素研究 [J]. 现代医药卫生，2020，36 (21)：3477－3480.

[10] 陶兴无. 发酵工艺与设备 [M]. 2 版. 北京：化学工业出版社，2015.

[11] 饶瑜，常伟，唐洁，等. 食品中腐败酵母的研究进展 [J]. 食品与发酵科技，2013，49 (4)：61－64.

[12] 张步暖. 酵母在医药工业中的应用 [J]. 山东医药工业，1997 (2)：41－42.

[13] 王圣谦. 酿酒酵母产麦角固醇的调控及固醇类衍生物的活性研究 [D]. 北京：北京化工大学，2019.

[14] 方仲佩，孙鹏，王倩文，等. 天然同位素丰富度野生型酵母细胞色素 *c* 构象变化的核磁共振检测 [J]. 波谱学杂志，2019，36 (4)：481－489.

[15] 孙朝阳，张玉英，潘利华，等. 高富硒酵母菌株的筛选及其富硒特性分析 [J]. 中国酿造，2020，39（9）：116－120.

[16] 谢善慈. 富铁酵母的研究进展 [J]. 北京农业，2013（30）：3－4.

[17] 许秀勤，骆伟，陈情情，等. 富锌酵母的研究进展 [J]. 广州化工，2014，42（8）：12－13.

[18] 郭添福，苏州. 日粮中添加富碘酵母对蛋鸡性能、蛋品质和蛋中碘含量的影响 [J]. 江西饲料，2013（2）：11－15.

[19] 吴艳萍，王旭，赵悦，等. 复合微量元素酵母的研究 [J]. 中国初级卫生保健，2013，27（12）：103－105.

[20] 章亭洲，朱廷恒，赵艳，等. 酵母及其相关产品在饲料行业的应用 [J]. 饲料博览，2021（1）：26－34.

[21] 刘晓峰. 不同酵母发酵生产水稻乙醇的研究 [J]. 酿酒科技，2019（8）：75－78.

[22] 王大珍，谭蓓英，苏起恒，等. 石油油脂酵母及其应用研究 [J]. 微生物学报，1981，21（4）：482－488.

[23] 彭健，苏静，杨晓慧，等. 热带假丝酵母高效利用甘油研究 [J]. 中国生物工程杂志，2018，38（2）：38－45.

[24] 单振秀，江澜，王宜林. 铬酵母中铬含量测定方法在化工铬渣转化中的应用研究 [J]. 矿业安全与环保，2005（3）：12－14，88.

[25] 陈小燕，许敬亮，袁振宏，等. 马克斯克鲁维酵母制备生物质乙醇研究进展 [J]. 新能源进展，2014，2（5）：364－372.

[26] CASTRO R C，ROBERTO I C. Selection of a Thermotolerant *Kluyveromyces marxianus* strain with potential application for cellulosic ethanol production by simultaneous saccharification and fermentation [J]. Applied Biochemistry and Biotechnology，2014，172（3）：1553－1564.

[27] AKTAŞ N，BOYACI I H，MUTLU M，et al. Optimization of lactose utilization in deproteinated whey by *Kluyveromyces marxianus* using response surface methodology (RSM) [J]. Bioresource Technology，2006，97（18）：2252－2259.

[28] SALMAN Z，MOHAMMAD O. Ethanol production from crude whey by *Kluyveromyces marxianus* [J]. Biochemical Engineering Journal，2006，27（3）：295－298.

[29] 袁文杰. 克鲁维酵母同步糖化发酵菊芋生产乙醇的研究 [D]. 大连：大连理工大学，2009.

[30] 赵贝贝，刘慧燕，方海田，等. 基于途径分析的产甘油有孢汉逊酵母菌株的选育

[J]. 中国酿造，2018，37（7）：132-137.

[31] 何永梅. 土壤酵母在农业生产上的应用 [J]. 科学种养，2011（11）：51.

[32] 张奇儒. 异常威克汉姆酵母控制梨果采后病害及其诱导梨果抗性相关机制研究 [D]. 镇江：江苏大学，2019.

[33] 奚裕婷，郭虹娜，姜毅，等. 葡萄汁有孢汉逊酵母挥发性代谢物熏蒸处理对草莓果实香气成分及贮藏品质的影响 [J]. 食品科学，2020，41（9）：168-174.

[34] 赵鲁宁，周秋阳，杨慧慧，等. 季也蒙毕赤酵母 Y35-1 菌株对枇杷采后炭疽病的抑菌效果及保鲜作用 [J]. 食品科学，2019，40（4）：170-177.

[35] 周桂雄，王闻，谭雪松，等. 利用农业废弃物碳源的红法夫酵母生产虾青素研究进展 [J]. 农业工程学报，2016，32（15）：308-314.

[36] 苟梓希，李云成，苟敏，等. 农业废弃物乙醇生产用酵母的抑制物耐受研究 [C] //中国环境科学学会、四川大学. 2014 中国环境科学学会学术年会论文集. 中国环境科学学会，2014：4.

[37] 史郁. 酵母废水两种预处理方法的比较研究 [J]. 厦门理工学院学报，2019，27（1）：82-88.

[38] 尤新. 农副产品加工中的废水、废渣是生产饲料酵母的潜在资源 [J]. 饲料工业，1986（1）：2-4.

[39] 李倩，王丹阳，李安婕，等. 基于废物资源化的美极梅奇酵母产油研究现状及应用潜力分析 [J]. 生物工程学报，2005，99.

[40] 郑彬彬，张维宇，罗杨春，等. 毕赤酵母生物转化制备四氢姜黄素的转化条件优化 [J]. 生物加工过程，2017，15（2）：30-34.

[41] SAHARA T, FUJIMORI K E, NEZUO M, et al. Draft genome sequence of *Saccharomyces cerevisiae* IR-2, a useful industrial strain for highly efficient production of bioethanol [J]. Genome Announcements, 2014, 2 (1): e01160-13.

[42] CUNHA A C, SANTOS R A C D, RIAÑO-PACHON D M, et al. Draft genome sequence of *Wickerhamomyces anomalus* LBCM1105, isolated from cachaça fermentation [J]. Genetics and Molecular Biology, 2020, 43 (3).

[43] QUARELLA S, LOVROVICH P, SCALABRIN S, et al. Draft Genome Sequence of the Probiotic Yeast *Kluyveromyces marxianus* fragilis B0399 [J]. Genome Announcements, 2016, 4 (5).

[44] 卢敏. 1. 裂殖酵母着丝粒重新定位和生殖隔离的机制研究 2. 裂殖酵母着丝粒表观遗传稳定性和异染色质分布的机制研究 [D]. 杭州：浙江大学，2018.

[45] 李明霞. 掷孢菌科的研究Ⅲ：不同掷孢酵母属产掷孢子的能力及担子菌酵母形成特大厚垣孢子的规律 [J]. 真菌学报，1989 (2)：113－117，164.

[46] 陈历水. 酵母菌与中国特色发酵食品 [M]. 北京：中国轻工业出版社，2021.

[47] 战吉宬，曹梦竹，游义琳，等. 非酿酒酵母在葡萄酒酿造中的应用 [J]. 中国农业科学，2020，53 (19)：4057－4069.

[48] 谭凤玲，王宝石，胡培霞，等. 非酿酒酵母在葡萄酒混菌发酵中的应用及其挑战 [J]. 食品与发酵工业，2020，46 (22)：282－286.

[49] BORREN E，TIAN B. The important contribution of non－*Saccharomyces* yeasts to the aroma complexity of wine：A review [J]. Foods，2020，10 (1)：13.

[50] VARELA C. The impact of non－*Saccharomyces* yeasts in the production of alcoholic beverages [J]. Applied Microbiology and Biotechnology，2016，100 (23)：9861－9874.

[51] 刘晓柱，张远林，黎华，等. β－葡萄糖苷酶在酒类酿造中研究进展 [J]. 中国酿造，2020，39 (6)：8－12.

[52] 陈汝，冉昆，薛晓敏，等. 红富士苹果果面酵母菌的分布及多样性分析 [J]. 江苏农业科学，2020，48 (17)：134－139.

[53] 刘晓柱，黎华，曾爽，等. 空心李酵母菌多样性及酿酒特性分析 [J]. 食品科技，2020，45 (6)：11－17.

[54] 徐建坤，张旺，肖婧，等. 红提葡萄中酵母菌多样性的研究 [J]. 中国酿造，2019，38 (3)：40－45.

[55] 马雪，孙淑文，李杨，等. 新疆石河子月季花附生酵母菌多样性分析 [J]. 广东农业科学，2018，45 (8)：43－49.

[56] 臧威，刘春月，谢广发，等. 浙江雁荡山山脉叶栖酵母菌资源与物种多样性 [J]. 生态学报，2018，38 (11)：3920－3930.

[57] 郭小芳，德吉，龙琦炜，等. 西藏拉鲁湿地水体酵母菌多样性及其与理化因子相关性 [J]. 微生物学报，2018，58 (7)：1167－1181.

[58] 李治滢，樊竹青，董明华，等. 云南星云湖酵母菌多样性及产类胡萝卜素的评价 [J]. 微生物学通报，2019，46 (6)：1309－1319.

[59] KE T，ZHAI Y C，YAN Z L，et al. *Kazachstania jinghongensis* sp. nov. and *Kazachstania menglunensis* f. a.，sp. nov.，two yeast species isolated from rotting wood [J]. International Journal of Systematic and Evolutionary Microbiology，2019，69 (11)：3623－3628.

[60] GAO W L，LIU K F，YAO L G，et al. *Pichia nanzhaoensis* sp. nov. and *Pichia paraex-*

igua f. a. , sp. nov. , two yeast species isolated from rotting wood [J]. International Journal of Systematic and Evolutionary Microbiology, 2018, 68 (10): 3311 -3315.

[61] AVCHAR R, GROENEWALD M, BAGHELA A. *Wickerhamiella shivajii* sp. nov. , a thermotolerant yeast isolated from distillery effluent [J]. International Journal of Systematic and Evolutionary Microbiology, 2019, 69 (10): 3262 -3267.

[62] 李明霞，付秀辉，唐荣观. 分离自神农架的湖北克鲁维酵母新种 [J]. 微生物学报，1992，32 (4)：238 -241.

[63] 张伟，李英军，袁耀武，等. 固囊酵母的一个新种 [J]. 微生物学通报，2003 (6)：56 -58.

[64] 施巧琴，吴松刚. 工业微生物育种学 [M]. 4 版. 北京：科学出版社，2013.

[65] WANG Q M, LIU W Q, LITI G, et al. Surprisingly diverged populations of *Saccharomyces cerevisiae* in natural environments remote from human activity [J]. Molecular Ecology, 2012, 21 (22): 5404 -5417.

[66] PETER J, DECHIARA M, FRIEDRICH A. Genome evolution across 1, 011 *Saccharomyces cerevisia*e isolates [J]. Nature, 2018, 556 (7701): 339 -344.

[67] GALLONE B, STEENSELS J, PRAHL T, et al. Domestication and divergence of *Saccharomyces cerevisiae* beer yeasts [J]. Cell, 2016, 166 (6): 1397 -1410.

[68] 何曼. 昌黎产区野生酵母多样性及其发酵特性分析 [D]. 秦皇岛：河北科技师范学院，2019.

[69] 史国利，吕宪禹，周与良. 全细胞长链脂肪酸在假丝酵母属分类中的应用初探 [J]. 真菌学报，1992 (2)：150 -157.

[70] 唐玲，刘平，黄瑛，等. 酵母的分子生物学鉴定 [J]. 生物技术通报，2008 (5)：84 -87.

[71] 王琦琦，张瑶，雷勇辉，等. 石河子不同树龄蟠桃土壤中可培养酵母多样性分析及功能酵母的筛选 [J]. 生物资源，2019，41 (1)：44 -52.

[72] 周巧，李治滢，杨丽源，等. 云南 5 个地区载叶酸模花中酵母菌和类酵母的多样性 [J]. 微生物学通报，2013，40 (4)：567 -575.

[73] 陈汝，冉昆，薛晓敏，等. 红富士苹果果面酵母菌的分布及多样性分析 [J]. 江苏农业科学，2020，48 (17)：134 -139.

[74] 铁春燕，胡芸，张梁，等. 利用 26S rDNAD1/D2 区序列和微卫星标记分析各种工业酿酒酵母的种内遗传差异 [J]. 菌物学报，2014，33 (4)：894 -904.

[75] 王东玉. 海棠果中酵母菌优良株的筛选及主要生物学特性研究 [D]. 呼和浩特：

内蒙古农业大学，2014.

[76] STEFFAN P, VAZQUEZ J A, BOIKOV D, et al. Identification of *Candida* species by randomly amplified polymorphic DNA fingerprinting of colony lysates [J]. Journal of Clinical Microbiology, 1997, 35 (8): 2031 -2039.

[77] GOMES L H, DUARTE K M R, ARGUESO J L. Methods for yeast characterization from industrialproducts [J]. Food Microbiology, 2000, 17 (2): 217 -223.

[78] 方维明，杨智，杨振泉，等. 一株酿酒酵母的特征区域序列扩增标记 [J]. 食品与发酵工业，2007 (11): 1 -4.

[79] 罗方雯，黄永光，涂华彬，等. 基于高通量测序技术对茅台镇酱香白酒主酿区域酵母菌群结构多样性的解析 [J]. 食品科学，2020, 41 (20): 127 -133.

[80] 周森，胡佳音，崔洋，等. 应用高通量测序技术解析清香型大曲微生物多样性 [J]. 中国食品学报，2019, 19 (6): 244 -250.

[81] 谭壹. 浓香型白酒糟醅优势酵母多样性及发酵特性研究 [D]. 成都：西华大学，2020.

[82] WANG C, GARCÍA -FERNÁNDEZ D, MAS A, et al. Fungal diversity in grape must and wine fermentation assessed by massive sequencing, quantitative PCR and DGGE [J]. Frontiers in Microbiology, 2015 (6): 1156.

[83] XIE G, WANG L, GAO Q, et al. Microbial community structure in fermentation process of Shaoxing rice wine by Illumina -based metagenomic sequencing [J]. Journal of the Science of Food and Agriculture, 2013, 93 (12): 3121 -3125.

[84] MENDOZA L M, NEEF A, VIGNOLO G, et al. Yeast diversity during the fermentation of Andean chicha: a comparison of high -throughput sequencing and culture -dependent approaches [J]. Food Microbiology, 2017, 67 (10): 1 -10.

[85] TAO Y, WANG X, LI X, et al. The functional potential and active populations of the pit mudmicrobiome for the production of Chinese strong -flavour liquor [J]. Microbial Biotechnology, 2017, 10 (6): 1603 -1615.

[86] WOLFE B E, BUTTON J E, SANTARELLI M, et al. Cheese rind communities provide tractable systems for *in situ* and *in vitro* studies of microbial diversity [J]. Cell, 2014, 158 (2): 422 -433.

第二章　刺梨及刺梨产业概述

刺梨（*Rosa roxburghii* Tratt），蔷薇科蔷薇属植物，多年生落叶小灌木，为我国特有的的物种，主要分布在我国西南地区，如贵州、云南、四川等地[1]。刺梨果实富含氨基酸、维生素、多糖、微量元素、黄酮等多种营养物质与活性物质，具有较高的营养价值和应用价值，被誉为“三王水果”“营养库”等，可被开发为果汁、果酱、果酒、果脯等多种产品[2]。刺梨根系较为发达，对环境适应性强，在荒坡、山地均可生长，可保持水土、涵养水源，对于喀斯特地区的石漠化治理具有重要作用[3]。此外，刺梨生长周期短，2 年即可产果，4 年则可进入盛果期，经济价值高，在我们西南地区脱贫攻坚及乡村振兴中也扮演着重要的角色[4]。

第一节　刺梨概述

一、刺梨生物学特性

刺梨，又名缫丝花、送春归、刺菠萝、刺酸梨子等，属于被子植物门、双子叶植物纲、蔷薇目、蔷薇科、蔷薇属的多年生落叶小灌木。

刺梨植株由根、枝条、叶、花、果实、种子等部分组成。刺梨为浅根植物，绝大部分的根主要分布于 10 ~ 60 cm 的浅层土壤。主根不发达，侧根、须根较多[2]。刺梨根类似圆柱形，长 10 ~ 60 cm，直径 0.5 ~ 2 cm，表面棕褐色。根部皮较薄，易于剥离，皮脱落处棕红色。根部横切面木栓细胞数列，外侧有落皮层，有的可见 0.5 ~2 列木栓形成层和数列栓内层细胞，内有分散的单个、数个纤维束丝。韧皮部纤维束形成断续的 1 ~2 层，木质化或微木质化，木质部导管多散状存在，周围有木纤维。射线细胞长方形或类似方形，5 ~16 列。年轮清晰可见，髓部细胞壁木质化。刺梨根系无休眠期，冬季也在缓慢生长。

刺梨小枝条圆柱形，着生有成对的皮刺，皮黑褐色，可成片剥落。枝条包括生长枝条、结果枝条、结果母枝条三大类[2]。生长枝条又可分为普通生长枝条和徒生长枝条两大类。普通生长枝条长度一般在 35 cm 以下，而徒生长枝条长度一般大于 35 cm，甚至可超过 150 cm。结果枝条上着生有花芽或者果实，有单花果和花序果两种。生长枝条存在季节性生长期，结果枝条在开花后则停止了生长。结果枝条一般长度为 0.5 ~25 cm，15 cm 的枝条较多，座果率较高，有连续结果的能力。刺梨枝条横切面上可看到表皮外的角质层，髓射线由 1 ~4 列薄壁细胞组成，初生韧皮部外有韧皮纤维，由薄壁细胞组成的髓部较为发达。

刺梨的叶互生、奇数、一回羽状复叶，叶柄长度为 1.3 ~1.5 cm。叶柄和叶轴上有小皮刺。托叶大部分与叶柄基部贴生。小的叶片为椭圆形或者长圆形，长度为 1 ~2 cm，宽度为 0.5 ~1 cm，边缘锯齿状，无表皮毛。叶片的主脉由 1 条外韧纤维管束组成，内部的形成层不明显，维管束外部有厚壁细胞构成的维管束鞘。叶肉部分的栅栏组织一般由 3 层柱状细胞组成[2]。刺梨未展叶、展开叶以及成熟叶中均可检出 17 种游离氨基酸，3 种类型叶中氨基酸总量分别为未展叶（4.052 g/100g）、成熟叶（12.829 g/100g）、展开叶（11.742 g/100g）[5]。田源等从刺梨叶片的乙醇提取物中分离出 9 个化合物，被鉴定为 β - 谷甾醇、大黄素甲醚、β - 胡萝卜苷、刺梨甙、野蔷薇甙、棓酸乙酯以及 3 个未被鉴定化合物[6]。研究还表明，随着刺梨叶片的不断衰老，叶片中丙二醛（MDA）含量逐渐增加，而光合色素、抗坏血酸（Vc）含量则逐渐降低[7]。

刺梨的花着生于枝条的顶端，有单花和花序，花序通常含花 3 ~4 朵，为完全两性花，可自花授粉，但异花授粉座果率更高。以贵州中部地区为例，2 月下旬花芽开始分化，3 ~4 月开始出现花蕾，4 月下旬至 5 月上旬开始开花，花期1个月左右。刺梨花直径5～6 cm，重瓣或半重瓣，外轮花瓣较大，内轮花瓣较小，淡红色或粉红色，微香，花萼5枚。雄蕊多数，离生。

刺梨果实为假果，可食用部分由花托和花筒发育而来。果实圆球形、纺锤形、倒锤形或扁球形，表面长有皮刺。成熟果实表皮金黄色或橙黄色，果肉橙黄色（见图2－1）。果实一般在8月底至9月初成熟，成熟果实在树上保持1个月左右。果实中Vc、黄酮类、有机酸等含量较为丰富，果实口感较为酸涩，不宜鲜食，适宜深加工。不同成熟度的刺梨果实单果质量与Vc的含量之间呈现负相关，而Vc的含量与果实中可滴定酸、还原糖的含量之间呈现正相关[8－10]。刺梨果实的生长发育与种子的数量关系密切，通常果实越大，种子数越多，果实越小，种子数越少[11]。一般大的刺梨果实的种子多、出汁率高、酸含量高，总黄酮、可溶性总糖、可溶性固形物、Vc含量均较低。刺梨中果、小果的种子少、出汁率和含酸量低，总黄酮、可溶性总糖、可溶性固形物及Vc含量均较高[12]。研究还发现通过调节土壤中有机肥、氮、磷、钾的含量，能够调节刺梨果实的品质。通过增加土壤中有机质的含量，降低全钾的含量有助于提高刺梨单果重量。土壤中的碱解氮能够促进刺梨果实中Vc的生物合成。通过增加土壤中全磷的含量能够提高刺梨果实中可溶性总糖的含量。提高土壤中全磷的含量，降低全钾的含量，则可降低刺梨中可滴定酸的含量。说明有机肥、氮、磷、钾肥配施可以改善刺梨果实品质[13]。在刺梨的盛花期、终花期喷施不同浓度的硼砂溶液，可降低刺梨的生理落果和畸形果，提高座果率，增加单果的质量与产量。喷施硼砂溶液后，刺梨果实的可滴定酸、可溶性总糖、可溶性固形物、Vc的含量显著增加[14]。此外，不同地区野生刺梨的果实品质差异较大[15]。研究发现气候环境会影响刺梨果实中超氧化物歧化酶（SOD）的含量，温度对不同品种刺梨果实中SOD的影响程度不同，对野生刺梨SOD含量的影响最大。刺梨为喜光植物，一定的光照条件下有利于SOD的生物合成。刺梨果实中SOD的含量与降雨量呈负相关[16]。

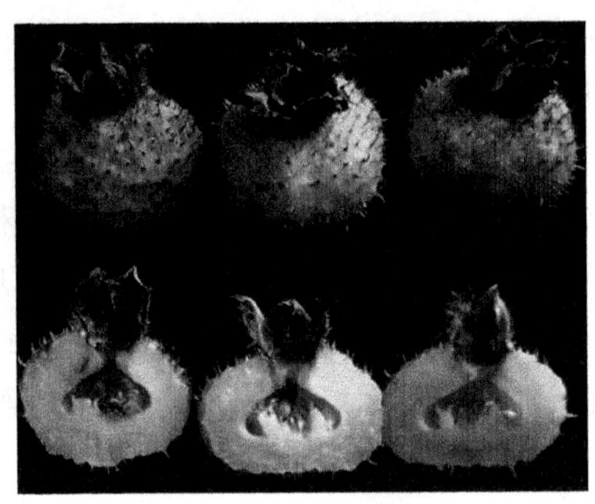

图 2－1　刺梨果实

刺梨的种子由子房内倒生的胚珠发育而来，包括种皮、外胚乳、胚 3 个部分。种子卵圆形，长约 3 mm，宽约 2 mm，子叶端较圆，胚根端较尖。每个刺梨果实内的种子数量不等，有的仅几粒，多的可能三五十粒。刺梨的种皮只有一层，淡黄色，由栓质化的细胞发育而来，种皮的一侧有一条种脊，为种皮上的维管束。胚由受精卵发育而来，由胚芽、胚轴、胚根、子叶构成。刺梨的种子没有明显的休眠期，发芽率较高，通过盐水处理，种子发芽率高达 90%。随着储存时间的延长，种子的发芽率逐渐降低，贮存一年后的种子几乎失去了发芽的能力。研究表明，刺梨种子中含有包括 4 种人体必需氨基酸在内的 21 种氨基酸，天冬酰胺含量最高，酪氨酸最低[17]。采用气相色谱－质谱联用（GC－MS）方法从刺梨种子中鉴定出 6 种脂肪酸，其主要成分为亚油酸与油酸[18]。顶空固相微萃取气质联用（HS－SPME－GC－MS）方法从刺梨种子中鉴定出包括苯、亚油酸甲酯、亚麻酸甲酯、棕榈酸甲酯、十六烷、十四烷在内的 6 种挥发性香气化合物[19]。

二、刺梨的价值

（一）刺梨的营养价值

研究表明，刺梨营养价值丰富，富含多种维生素、氨基酸、多糖、矿物质（钙、铁、锌等）和 SOD 等，其中，Vc 含量特别高，为猕猴桃的 10 倍，被称为“Vc 之王”[20]。刺梨果实因其丰富的营养价值，可被开发成多种刺梨食品，如刺梨果酒[21]、刺梨果汁[22]、刺梨果脯[23]等。刺梨果酒、刺梨果汁是刺梨加工产品的主要形式。清代吴蒿梁在《还任黔西》中就有对刺梨酒的描述：“新酿刺梨邀一醉，饱与香稻醉三年”。刺梨可以酿造成刺梨白酒、刺梨啤酒、刺梨米酒以及刺梨保健酒等。除此之外，刺梨还可以加工成刺梨茶饮品、刺梨面包、刺梨醋、刺梨饼干以及刺梨糕点等多种食品。

刺梨含有大量挥发性香气物质，赋予其浓郁、独特的香味。梁莲莉等较早地报道了刺梨的香气成分，认为构成刺梨香气的主要成分为醇类、酸类、酯类，包括苯甲酸丁酯、乙酸辛酯、庚酸乙酯、反式 -2 - 已烯酸乙酯、壬醛、芳樟醇、β - 苯乙醇、反式 -2 - 已烯醇、已醇、辛醇、橙花叔醇、香叶醇、2 - 甲基丁酸等[24]。周志等对野生刺梨汁进行微波辅助酸解，树脂吸附，释放其键合态香气化合物，GC - MS 方法检测化合物种类。研究发现微波辅助酸解 3 min，在 40 ℃条件下酸解 36 h 释放的键合态香气物质的种类最多。进一步鉴定发现，释放的刺梨香气化合物含量最高的是辛酸，其他挥发性香气物质包括酸类（1 种）、酮类（2 种）、酚类（1 种）[25]。刺梨种子中主要挥发性化合物为苯、亚油酸甲酯、亚麻酸甲酯、棕榈酸甲酯、十六烷、十四烷在内的 6 种挥发性香气物质[19]。HS - SPME - GC - MS 方法从刺梨皮渣中检测出 21 种游离态香气化合物、23 种键合态香气化合物。游离态香气化合物中种类最多的为萜烯类，其次为酯类、酮类。键合态香气化合物中种类最多的是酸类，其次为酚类和醇类。刺梨籽仁中鉴定出 9 种游离态香气化合物，种类最多的仍为萜烯类，其次是醇类和酚类；鉴定出 18 种键合态香气化合物，种类最多的为酸类（8 种），接着为醇类（3 种）、酚类（3 种）、羟基醛类（2 种）、羟基酮类（1 种）[26]。彭邦远采用 β - 葡萄糖苷酶酶解刺梨汁，GC - MS 方法鉴定化合物的种类。结果发现刺梨汁中有 43 种游离态香气化合物，主要为酚类与酯类。利用杏仁 β - 葡萄糖苷酶处理刺梨汁后，可释放出 33 种键合态香气化合物，主要为醛类与酮类；木霉 β - 葡萄糖苷酶仅能释放出 11 种香气化合物[27]。李婷婷等利用顶空固相微萃取（HS - SPME）、溶剂辅助风味蒸发（SAFE）方法提取刺梨汁中挥发性香气化合物，采用 GC - MS 方法鉴定其种类与含量。采用 HS - SPME 方法从刺梨汁中可检测到 67 种化合物，采用 SAFE 方法则可检出 86 种化合物。这两种方法对刺梨汁中化合物提取效率不同，HS - SPME 方法对低沸点、易挥发化合物提取效果更好，SAFE 方法对高沸点、难挥发化合物提取效果好，因而两种方法具有较好的互补作用。包括醇类、酯类、醛酮类在内的 38 种化合物对刺梨香气贡献较大，16 种挥发性化合物首次被鉴定为刺梨汁中香气活性成分[28]。

（二）刺梨的药用价值

刺梨是一种药食同源、药食两用水果，具有较高的药用价值，被 2003 年版的《贵州省中药材、民族药材质量标准》收录。清代赵学敏在《本草纲目拾遗》、清代纳兰常安在《受宜堂宦游笔记》以及南京中医药大学在其编著的《中药大辞典（上下册）（第二版）》中均有对刺梨药用价值的记载。刺梨根、刺梨叶、刺梨果实均可入药，贵州流传有“刺梨上市，太医无事”的说法。传统医学上，刺梨被用来治疗积食腹胀等症状和坏血病。1640 年，《黔书》中记载：“实如安石榴而较小，味甘而微酸，食之可以解闷，可消滞；渍其汁煎之以蜜，可做膏，正不减于山楂也。”

研究表明，刺梨中含有多种生物活性成分，包括黄酮类化合物、有机酸、刺梨多糖、SOD、挥发性成分等。刺梨乙醇粗提物的正丁醇萃取相对 α - 糖苷酶具有较好的抑制作用，可通过协同作用降低阿卡波糖的使用量。此外，刺梨浓缩汁还可增加慢消化淀粉与抗性淀粉的含量[29]。

刺梨中黄酮类化合物含量丰富，包括槲皮素、山奈素以及杨梅素，对人体脏器具有保护作用。如刺梨黄酮可调节细胞内蛋白质 Integrin β 1、FAK、BAX、Bcl - 2 以及 p53 的表达，从而保护心肌细胞[30]。刺梨黄酮可降低 γ 射线辐射后的骨髓细胞 G2 期的比例，增加 G1、S 期的比例，对损伤的骨髓细胞有保护作用，在一定浓度范围内具有浓度依赖性[31]。刺梨黄酮还具有清除活性氧自由基，抑制细胞中 MDA 的产生[32]。孙红艳等研究发现冷冻干燥后的刺梨黄酮含量高达 1.99%，对金黄色葡萄球菌和大肠杆菌具有较好的抑制作用。但随着贮存时间延长，黄酮活性就会降低[33]。刺梨黄酮能降低大鼠血清中甘油三酯、MDA 的含量，提高谷胱甘肽（GSH）的含量和过氧化氢酶（CAT）、SOD 的活性，增加机体的抗氧化能力，保护胰脏免受四氧嘧啶氧化损伤[34]。

刺梨中有机酸含量较为丰富，包括苹果酸、柠檬酸、草酸、酒石酸、Vc 等[35]，其中 Vc 的含量最高。张俊松等通过硫酸甲酯化处理刺梨果实，并采用 GC - MS 方法测定其有机酸的种类及含量，结果从刺梨果实中分离鉴定出 22 种酸，高级脂肪酸与多元酸为亚麻酸、亚油酸、油酸、棕榈酸、枸橼酸、苹果酸、硬脂酸等，其中亚油酸含量最高[36]。此外，梁光义还从刺梨中分离出一种新型有机酸，命名为刺梨酸。该酸为五环三萜酸，化学结构为2β，3α，7β，19α - 四羟基乌苏 - 12 - 烯 - 28 - 羧酸[37]。李达等研究表明刺梨果实中 Vc 平均含量为1800 mg/100 g 果肉，是苹果中 Vc 含量的52 倍，是猕猴桃中 Vc 含量的 5 ~ 20 倍；黄酮平均含量为 920 mg/100 g 果肉，为红枣中黄酮含量的 3 倍；SOD 含量为 13000 U/100 g 果肉。SOD 对 Vc 损失有一定的延缓作用，Vc 对 SOD 的活性具有保护效应[38]。谭登航等采用超声提取、酸水解法提取刺梨果实、根部以及叶片中的游离鞣花酸、总鞣花酸，采用超高效液相色谱法（UPLC）测定其含量，并进一步分析了其体外抗氧化活性。结果发现，不同部位游离鞣花酸与总鞣花酸含量差异较大，其中，刺梨叶片中两种酸的含量最高，含量分别为 38.49 mg/g、197.08 mg/g。体外抗氧化活性能力为 Vc > 刺梨叶 > 刺梨果 > 刺梨根[39]。

植物多糖是一类高分子化合物，由结构相同或不同的醛糖或酮糖，经糖苷键缩合而成，具有抗肿瘤、抗氧化、抗衰老、降血糖、降血脂、调节肠道菌群结构等作用[40]。汪磊利用热水浸提法，经阴离子交换柱层析纯化，从刺梨果实中得到 4 种刺梨多糖组分 RTFP - 1、RTFP - 2、RTFP - 3、RTFP - 4。体外细胞实验证实刺梨多糖 RTFP - 1、RTFP - 3 具有抑制 α - 葡萄糖苷酶作用，因而具有降血糖活性。由 RTFP - 3 制备成的刺梨多糖纳米硒溶液通过抑制 INS - 1 细胞内活性氧的产生，细胞线粒体膜电位的下降，凋亡蛋白 caspase - 3，caspases - 8、caspsae - 9 的过度激活，下调解偶联蛋白 - 2 的蛋白表达，保护 INS - 1 细胞免受氧化损伤；此外，刺梨多糖 RTFP - 3 还可改变肠道微生物的群落组成，提高肠道中有益菌的丰富度[41]。杨江涛等研究表明刺梨多糖可显著增加衰老小鼠肝脏、血浆、脑组织中 CAT、SOD 的含量，显著减少 MDA 的含量，增加衰老小鼠的体内抗氧化能力[42]。多数刺梨多糖还具有神经营养活性[43]，增强免疫功能包括体液免疫应答、非特异性免疫应答能力[44]。不同干燥方法（冷冻干燥、喷雾干燥、热风干燥）对刺梨多糖的含量与抗氧化活性影响不同，喷雾干燥法得到的多糖抗氧化性能更强[45]。陈新华则分析了采收期对刺梨多糖的影响，发现同一产地，不同的采收期刺梨多糖含量不同，9 月份是贵州惠水、花溪两地刺梨最佳采摘期，此时刺梨多糖含量最高[46]。

SOD 被称为“生物黄金”，具有清除自由基等生物活性[47]。刺梨果实、刺梨饮品、刺梨果脯中均含有 SOD。付安妮等采用邻苯三酚自氧化法发现，刺梨鲜果中 SOD 活性为 2140 U/g，经糖腌制后可提高 SOD 的活性，使 SOD 活性增加至 3716. 2 U/g[48]。李兰的研究表明，综合等电点法、有机溶剂沉淀法、热变性法是比较好的刺梨 SOD 提取方法。即 55 ℃ 热变性 25 min，接着调整溶液 pH 为 5. 0，最后加入 1 倍体积的丙酮沉淀[49]。40 ~ 60 ℃，pH 为 6 ~ 8 时，为刺梨中的 SOD 活性最适保存条件。高浓度的 Zn^{2+}、Cu^{2+} 抑制 SOD 的活性，而 Zn^{2+}（2 ~ 6 mmol/L）、表面活性剂吐温 - 20 有利于 SOD 活性的保持[50]。王丽容等对老年冠心病患者服用 SOD 强化刺梨汁，然后测定血浆中 MDA 的含量、SOD、硒谷胱甘肽过氧化物酶（SeGSH - Px）的活性。研究结果发现，服用 SOD 强化刺梨汁可显著降低血浆中 MDA 的含量，提高 SeGSH - Px 的活性，抑制冠心病患者体内的脂质过氧化作用[51]。强化 SOD 的刺梨汁还具有抗动脉粥样硬化作用[52]，增强铅中毒动物的排铅[53]、排砷[54]作用，通过抗突变，保护遗传物质免受损伤[55]。李继强等研究发现，刺梨 SOD 制剂作为抗氧化剂，经口服后对大鼠慢性四氯化碳肝损伤具有预防保护与治疗作用[56]。

（三）刺梨的经济价值

刺梨因其较高的营养价值与药用价值，受到广泛的重视与开发。随着刺梨价值不断被充分挖掘，刺梨产业也在快速发展，刺梨产生的经济价值也越来越大[57]。截至 2019 年年底，全国范围内，注册刺梨企业 582 家，分布于贵州（513 家）、四川（17 家）、广西（10 家）、重庆（9 家）、河南（7 家）、云南（6 家）、湖南（5 家）、陕西（4 家）、浙江（3 家）、湖北（3 家）、福建（2 家）、安徽（1 家）、山东（1 家）、广东（1 家）[40]。贵州将刺梨产业作为 12 个“农村产业革命”中的特色产业之一重点发展，在全国范围内刺梨的种植面积最大，产值最高，注册企业最多。已开发的刺梨产品有三大类，共几十种，包括刺梨食品[58]、刺梨保健品[59]及刺梨饲料[60-61]。

（四）刺梨的生态价值

我国西南地区为典型的喀斯特地貌，土壤贫瘠，保水性能差，土地的生产能力退化或完全丧失。刺梨喜温暖湿润，对土壤酸碱度要求不高，刺梨根系发达，环境适应性强，在荒坡、山地、贫瘠的土壤中均可生长，可保持水土、涵养水源，对于喀斯特地区的石漠化治理具有重要作用[62]。因此，在石漠化地区大力推广种植刺梨，能有效遏制喀斯特地区石漠化，对防治水土流失有积极作用，从而营造良好的生态景观。

贵州将刺梨作为喀斯特地区重点发展和推广的特色高效山地农业项目之一，对当地经济发展具有较好的促进作用[63]。贵州龙里、贵定等地，根据刺梨的种植条件，在退耕还林中大力发展刺梨产业，已形成了较大的种植规模，不仅带动了当地农户的脱贫增收，还对当地生态环境形成了较好的保护作用，正所谓“绿水青山就是金山银山”。

三、刺梨的开发利用

（一）刺梨食品

目前，刺梨开发产品中种类最多、加工形式最丰富的是食品类。如刺梨饮品有刺梨汁、刺梨果酒、刺梨醋、刺梨茶、刺梨奶制品等；刺梨面制品有刺梨面包、刺梨饼干、刺梨糕点、刺梨面条、刺梨面粉、刺梨酥等；刺梨调味品有刺梨果酱；刺梨小吃有刺梨果脯、刺梨软糖、刺梨罐头等（见表2－1）。

表2－1　刺梨主要加工食品

序号	产品名称	加工形式	产品特点
1	刺梨果汁[64]	无籽刺梨原果汁14%、白砂糖6%、柠檬酸0.26%、苹果酸0.02%、安赛蜜0.01%、阿斯巴甜0.01%、羧甲基纤维素钠0.08%、黄原胶0.01%	口感纯正，酸甜适中，组织均匀，稳定性好，香味独特
2	刺梨酵素[65]	糖20 g，30 ℃发酵5 d	具有一定的淀粉酶、脂肪酶活性，DPPH自由基、ABTS自由基的清除能力强
3	刺梨果醋[66]	刺梨果醋13%，蔗糖19%，柠檬酸0.7%，蜂蜜0.3%，矿泉水100 mL	果味浓郁，色泽清亮，口感独特，营养价值较高
4	刺梨果酒[67]	接种3%活性干酵母，初始糖度18 °Brix、pH为4.5，28 ℃发酵10 d	酒体浓郁清香，色泽棕红透明，风格突出
5	刺梨果酱[68]	料液比为1∶0.7，白砂糖50%，柠檬酸0.2%，果胶、黄原胶及魔芋胶按3∶2∶1复配，复合增稠剂0.4%，可溶性固形物60%，pH为3.3	色泽金黄，均匀细腻，酸甜适宜，香甜可口，刺梨特殊芳香
6	刺梨果冻[69]	刺梨果汁20.2%、白砂糖15.0%、柠檬酸0.15%、卡拉胶0.90%	色泽纯正，口感良好
7	刺梨软糖[70]	刺梨汁12%，白砂糖15%，麦芽糖浆10%，凝胶剂（琼脂∶卡拉胶＝1∶1）1%，苹果酸0.15%	风味足，口感佳

续表

序号	产品名称	加工形式	产品特点
8	刺梨果粉[71]	固形物 16%，β－环糊精为 50%，进料流量 12 mL/min，进风温度 165 ℃	色泽佳，流动性、分散性好，刺梨特殊清香
9	刺梨糕[72]	混合原料 35%、白砂糖 15%、复配胶凝剂 1.5%、柠檬酸 0.3%	酸甜适口，弹性足，色泽均匀通透，糕体组织细腻均匀，刺梨、红枣清香味
10	刺梨干[40]	刺梨脱刺、切瓣、去籽、烘干	口感酸甜，易保存
11	刺梨果脯[73]	原料处理、烫漂、糖制、干燥、包装、贮藏	营养丰富，口感较佳
12	刺梨黑豆饮料[74]	黑豆发酵乳 20%，刺梨汁 8%，白砂糖 12%	乳白色，微黄绿，均匀乳状，口感纯正，微酸、爽口，刺梨与黑豆复合香味
13	刺梨罐头[75]	果实、挑选分级、碱液浸泡、机械磨皮、果块成型、去籽、保脆处理、漂洗、装罐加糖水、密封、杀菌、检验、成品	果块造型美观，口感爽脆，酸甜适口

（二）刺梨药用产品

刺梨果实属于药食同源类水果，传统医学上，刺梨被用来治疗积食腹胀等症状和坏血病。现代研究表明，刺梨具有抗氧化、调节机体免疫力等作用，被用来治疗消化系统疾病、心血管疾病、皮肤疾病、泌尿系统疾病等。此外，刺梨还可以降低机体脂褐素水平。因此，刺梨被开发成多种药用产品，如刺梨口服液、刺梨含片、刺梨胶囊等（见表 2－2）。

表 2－2　刺梨主要药用产品

序号	产品名称	加工形式	产品特点
1	刺梨口服液[76]	选果、清洗、榨汁、压滤、真空浓缩、配料、灌封、消毒、包装	淡棕色，口感甜中带酸
2	刺梨胶囊[40]	刺梨、桑叶、桑葚、果胶等	适宜不同年龄的亚健康群体

续表

序号	产品名称	加工形式	产品特点
3	刺梨口含片[77]	刺梨粉末 10%、蔗糖 25%、麦芽糊精 15%、甘露醇 25%、硬脂酸镁 0.3% 和淀粉 24.7%	符合中国药典要求，质量稳定
4	刺梨胶原蛋白片[78]	原辅料过筛、混匀、制粒、干燥、整粒、总混、压片、包装及检验等	外表光滑，无裂片，浅褐色，刺梨清香味，入口滋味清香、微酸，甜味绵长

（三）刺梨化妆品

刺梨中富含的 Vc、SOD 具有清除自由基、抗氧化、抗衰老作用。长期食用刺梨，可以使皮肤光滑、有色泽、保湿、祛斑、排毒养颜等。基于此，刺梨被开发成多款化妆品系列产品，如刺梨面膜、刺梨洗发水、刺梨雪花膏等（见表 2-3）。但目前在化妆品领域，刺梨产品开发利用程度还偏低，亟待加强。

表 2-3　刺梨主要化妆品

序号	产品名称	加工形式	产品特点
1	刺梨雪花膏[79]	硬脂酸 8.00%、十六醇 3.00%、甘油 12.00%、单硬脂酸甘油酯 1.50%、氢氧化钾 0.50%、氢氧化钠 0.05%、水 74.95%，少量的苯甲酸钾，适量刺梨种子油提取物	滋润皮肤，抗菌消炎，延缓皮肤衰老等
2	刺梨面膜[40]	刺梨原汁、乙基己基甘油、天然黄原胶、氮酮	抗衰老，美白
3	刺梨原液[78]	刺梨提取物	深层补水，保湿

第二节　刺梨产业概述

刺梨因其具有耐贫瘠、耐寒、涵养水源、保持水土等性能与优势[80]，在喀斯特地区种植具有无可比拟的天然优势，被贵州作为省重点发展产业，所以本节以贵州刺梨产业发展概述为例。2015 年，贵州省政府印发了《贵州省推进刺梨产业发展工作方案（2014—2020 年）》，该方案指出在守好发展、生态两条底线的同时，以市场为导向，以科技为支撑，以产业升级为突破口，充分发挥龙头企业的带头与示范作用，逐步形成资源相对稳定充足、产出效益显著的产、供、销发展格局，把刺梨产业建设成为促进农民增收致富和改善生态环境的重要产业[81]。

一、刺梨产业发展优势

以贵州高原为中心的西南喀斯特地区处于世界上面积最大、最集中连片的喀斯特区域，刺梨喜温暖湿润，对土壤酸碱度要求不高，根系发达，环境适应性强，因而较为适宜在喀斯特地貌面积较大的贵州广泛种植。

（一）刺梨品种资源丰富

贵州是刺梨的原产地，野生刺梨资源较为丰富，居全国之首。全省均有分布，除从江、榕江、威宁等地刺梨资源分布较少外，其余地区分布较多，这为刺梨的品种选育及改良提供了坚实的基础[82]。截至 2019 年年底，贵州刺梨人工种植面积达 176 万亩，刺梨鲜果产量 6. 6 万吨。截至 2020 年年底，刺梨人工种植面积达 200 万亩，带动全省 30 万户 100 万人。安顺和黔南自治州为种植面积最大的两个地区。经过多年多代人的努力，目前已选育出“贵农 1 号”“贵农 2 号”“贵农 3 号”“贵农 4 号”“贵农 5 号”“贵农 6 号”“贵农 7 号”“贵农 8 号”等多个优良品种，其中“贵农 1 号”“贵农 2 号”“贵农 5 号”“贵农 7 号”于 2007 年通过了贵州省农作物品种审定委员会的审定。高相福等从刺梨实生繁殖后代的优质植株中通过离体快繁，选育出“贵农 9 号”新品种。2015 年，安顺市林业科学研究所、安顺市林业局选育的“安富一号”通过了国家林业局植物新品种鉴定委员会的审定。“贵农 5 号”刺梨果实扁圆形，果面金黄色，环境适应性与抗病性能强、丰产性好，是贵州主要刺梨栽培品种，种植面积广[83]。因此，贵州具有发展刺梨产业的资源优势。

（二）生态环境资源适宜

贵州的生态环境较为适宜刺梨的生长。贵州属于亚热带湿润季风性气候，雨量充沛、气候温和，冬无严寒、夏无酷暑[84]。气候、海拔、降雨、温度、光照等各方面均符合刺梨的生长特性。其中，贵州中部、北部、西南部、西北部等地区均适宜刺梨的生长。因此，适宜的气候环境条件是贵州发展刺梨产业的关键因素之一。

（三）刺梨产业发展完善

刺梨具有丰富的营养价值和药用价值，具有健胃、消食等功效。特别是其富含的 SOD 被称为“生物黄金”。因此，刺梨在食品、药品、保健品等领域具有巨大的开发潜力和产业价值，可带动第一、第二、第三产业的协同发展。所以，大力发展刺梨种植产业可推动刺梨加工产业的发展，逐步形成刺梨饮料、刺梨酒类、刺梨药品、刺梨美容保健品、刺梨饮品等多种形式的产业发展。发展刺梨产业还可带动林下种植、养殖循环经济的科学发展，促进休闲农业、创意农业、乡村旅游等产业的发展，有利于乡村振兴和美丽乡村的建设。

（四）政府大力支持[40]

贵州以高原、山地为主，全省 87% 的面积为高原、山地、山原，10% 为丘陵，平原、盆地以及河流阶地仅占 3%。因此，贵州适宜发展山地农业。而刺梨是一种对环境适应性特别强的植物，贵州选择将刺梨产业作为重点发展的特色产业。《贵州省推进刺梨产业发展工作方案（2014—2020 年）》中指出，①贵州将抓好种植基地建设。2014 ~ 2020 年，贵州规划新建刺梨基地 90 万亩。林业、扶贫等部门有关种植项目，积极争取各级财政资金、吸纳企业、专业合作社及农户自筹资金共同推进。以“贵农5号”“贵农7号”为主要品种，着力推进贵州刺梨基地建设；②抓好良种壮苗生产。加强刺梨种苗质量监管和服务，建设采穗圃，实行定点供穗、定点育苗生产；③加快培育龙头企业。依托现有产业条件和发展基础，通过规划引导，优选一批发展潜力大、市场前景好、整体实力强的龙头企业进行重点扶持，带动产业发展；④推进品牌建设。通过重点品牌引领的方式，重点扶持刺梨汁、果脯、酒品、药品、精油等加工产品研发与精深加工，逐步形成刺梨食品、药品、日化用品三大类，品种齐全的产品系列；⑤强化科技支撑。完善科技支撑平台，加强科研单位、大专院校、刺梨协会与加工生产企业之间的横向合作，围绕刺梨资源开发利用、丰产栽培、种苗质量管理、病虫害防治等方面开展科学研究与攻关，建立健全刺梨产业化技术标准体系；⑥发展刺梨特色乡村旅游。突出刺梨种植与加工特色，开展以刺梨为主题的乡村旅游，丰富刺梨产业发展内涵。以刺梨种植、观花、采果、食品饮料加工为依托，打造以刺梨为主的乡村旅游观光精品带，让游客在游憩中摘果、赏花，品刺梨食品、住农庄客栈，享受田园乐趣和大自然美景；⑦加大招商引资力度。以刺梨基地为平台，以龙头企业为引领，着力开展以商招商、上门招商等招商活动，大力宣传贵州刺梨的独特品质与资源优势，做好刺梨产品开发项目储备包装，增强产业吸引力。2020年召开的贵州省生态特色食品农业发展推进会进一步推动生态特色食品产业的发展。《贵州省生态特色食品产业2020年工作方案》中，刺梨因其独特的优势而位列其中。2019年出台的《贵州省农村产业革命刺梨产业发展推进方案（2019—2021年）》中指出“打造一批刺梨知名品牌”。

（五）发展基础好

20世纪80年代初，贵州率先组织科研工作者开展了对刺梨的资源调查，通过形态学、生理学、细胞学多学科以及成分分析、保健功效、人工栽培技术、组织培养、品种选育、病虫害防治、果实的贮藏保鲜、产品加工等多角度对刺梨进行研究。选育出并通过审定的刺梨优良品种多个，如“贵农5号”“贵农7号”等。贵州从刺梨的种植地选择、品种选择、种子繁育、扦插、定植等方面都积累了较为丰富和成熟的经验。《无公害食品刺梨生产技术规程》（DB52/T 564—2009）已获得贵州省质量技术监督局批准。《地理标志产品龙里刺梨》（DB52/T 936—2014）、《地理标志产品盘县刺梨果脯》（DB52/T 1079—2016）两个地方标准获得通过。《刺梨育苗技术规程》《刺梨良种栽培技术规程》《刺梨白粉病绿色防控技术规程》《刺梨梨小食心虫绿色防控技术规程》《刺梨组培苗繁育技术规程》也均已发布。这些优势均为贵州刺梨产业的健康发展奠定了基础。

二、刺梨产业发展劣势[85]

（一）品种较为单一

“贵农5号”是当前贵州刺梨的主栽品种，加上配植品种“贵农7号”，二者种植面积占贵州刺梨总面积的90%以上。缺乏可不同时间（早、中、晚期）收获的刺梨品种。使得刺梨收获期较为集中，货架时间较短，贮存压力较大。且刺梨大面积种植的品种单一使开发产品同质性较高，缺乏多样性，无法满足不同人群的需求。

（二）技术瓶颈

目前，刺梨产业发展中的一些技术瓶颈还没有得到很好的解决。①活性成分的损失。刺梨鲜果采摘后，如不及时处理，其Vc含量损失很快，导致活性降低，易被氧化。且加工过程中，如何最大程度地保持Vc的含量，也是一个技术难题；②刺梨产品精深加工程度不高，技术附加值低，高附加值的产品较少。很多加工产品，如刺梨干、刺梨果脯、刺梨果酱等，都属于初级加工产品，其经济价值无法得到更大程度的增加；③一些加工技术难题还没有得到很好解决。如刺梨汁的澄清、刺梨酒的稳定性问题；④刺梨果酒专用酵母缺乏。刺梨果酒生产企业所用发酵菌种绝大多数采用的是葡萄酒生产所用活性干酵母，菌种适应性差，生产的产品缺乏竞争力[86]。

（三）科研转化率低

尽管对刺梨的研究已取得了一些成果，但这些成果还属于实验室水平的研究，真正可以落地转化为经济价值的成果还很少。以刺梨产业方面的专利为例，2010～2020 年，关于刺梨方面申请的专利数量呈现出快速增长的趋势，2018 年专利申请量高达 684 件，预计未来几年还将继续保持较高的态势。但授权的专利数量却表现出严重的不匹配，2018 年授权专利仅 85 件[40]。申请或授权的专利中，实用新型专利占据较大的比例，还有较多的外观设计专利，转化率较低。申请或授权专利主要集中在贵州，其他省份专利数量较少。

（四）药性机理还不清楚

刺梨化学成分较为复杂，有效成分提取与验证方面的研究力度还不够。尽管传统医学与现代医学中，刺梨可作为药性成分，具有健胃、消食等功效，可用来治疗多种疾病。但其药性机理仍不清楚，具体哪种或哪些化学物质发挥治疗作用还未知。

（五）品牌效应不强

品牌是一种无形的资产，可以给企业带来巨大财富。品牌定位是企业品牌建设的基础，首先要定位人群，借助于对目标人群的行为调查，充分了解目标人群的需求，再通过一定的媒介手段在目标人群中传播，形成一定的心理定势。尽管目前已开发出的刺梨产品较为丰富，但真正的知名品牌还比较缺乏，很多产品“藏在深闺人未知”，严重地影响了刺梨产业的发展。尽管广州医药集团有限公司与贵州刺梨结缘，开发出了特色新产品“刺柠吉”，但该品牌还比较年轻，市场知名度和占有度有待加强[87]。

（六）销售模式单一

目前，刺梨产品销售途径大多数采用的是线下店面销售与线上电商销售相结合的方式，但由于宣传力度不够，运营模式创新性不强，产品综合类销售体验平台缺乏，给消费者带来的体验不足。

三、刺梨产业可持续发展策略

（一）加强刺梨产业的科技支撑

应积极组织省内各相关科研院校、研究机构以及生产企业进行刺梨产业的科技攻关，致力于解决制约产业发展的瓶颈问题，如活性物质稳定性研究、关键工艺研究、专用生产菌株的选育等。此外，还应在原有刺梨品种的基础上，继续选育一些新品种，满足生产上的不同需求，解决产品的单一性问题，增强刺梨产业的发展后劲。刺梨的标准化、栽植技术也需强化。

（二）知名品牌的建设

贵州刺梨产品具有“品种多、品牌少、名牌更少”的不足。因此，在现有较为知名品牌（如天刺力、山里妹、茶香刺梨等）的基础上，应整合贵州省内外资源，加大对贵州刺梨品牌的投入与宣传，做大做强贵州刺梨品牌，提高产品的知名度。

（三）加强立法与执法保障

各级政府部门应在刺梨种植，产品的生产、加工、销售等环节制定相应的法规和出台配套的政策，以促进贵州刺梨产业的技术进步，改进和提升刺梨产品品质，提高刺梨产业在贵州产业中比重，确保贵州刺梨产业的快速发展。贵州刺梨产品的立法涉及以下 3 个方面，首先，对现有的法规、政策的坚定执行和贯彻落实。其次，根据贵州刺梨产业现状和实际情况，对涉及的各方面如生产、市场管理、原料规范、加工和销售等制定切实可行的地方标准。最后，做好贵州省刺梨野生酿造菌株资源的开发与保护。开发与保护应做好平衡。贵州刺梨资源蕴含着丰富的菌种资源，这是贵州刺梨产业的一大优势。一定要利用好这一优势，为贵州经济服务。但也要做好保护工作，否则将造成野生菌种资源的减少，甚至枯竭。做好对贵州野生菌质资源的调查，建立野生酵母菌资源库，加强贵州野生酵母菌资源的筛选、保藏科学化、规范化建设，通过法律保障贵州刺梨资源的可持续性发展[1]。

（四）出台促进贵州刺梨产业发展的各种政策

首先是扶持政策。贵州刺梨产业还处于发展期和转型期，仅仅靠产业自身是不够的，需要政府的政策扶持。各级政府部门应对从事刺梨种植、刺梨产品加工和销售等环节的企业给予优惠政策，对发展好的企业和农户给予奖励。同时加大对刺梨新品种的培育和开发力度，加强对刺梨产品市场的开拓。在国家层面上，借力所实施的“扶贫计划、丰收计划、星火计划”“菜篮子工程”等一系列的规划和工程，可以把刺梨产业列为全国特色产品领域。

贵州省政府高度重视贵州刺梨产业的发展，并将其作为农业结构调整和产业扶贫的助攻产业之一。但贵州刺梨产业还缺乏相应的政策指导，未能从顶层设计上确保产业的快速发展。贵州应重点扶持省龙头企业，包括扶持龙头企业进行基础设施的建设。扶持龙头企业积极参与刺梨产品的加工生产，支持龙头企业加大科技创新力度，积极探索与科研院校进行合作。在税收方面，也应提供一些减免和优惠支持。

贵州还应加大产业资助力度，尽管专门成立了一些扶贫攻坚投资基金，但还未有关于水果种植和刺梨加工方面的基金。此外，贵州可以加大招商引资力度，大力引进一批龙头企业，发挥产业优势。大力推进贵州省刺梨生产菌种工程技术研究中心以及贵州省刺梨产品生产菌种资源保存与评价中心的建设，在刺梨生产重点县（州）建设专业化和规模化的生产基地，重点扶持一批乡村刺梨种植合作社生产基地与加工基地的标准化建设。

其次是制定相应的服务政策。各地要建立一支结构合理的刺梨生产技术队伍，做好各地刺梨产业的服务工作，形成良好的技术服务体系和网络。各地应成立相关协会，在刺梨产业的各个环节做好服务工作。例如，指导农户的刺梨种植，产品的开发、加工、销售等各个环节。各地可以定期举办各种形式和内容丰富的刺梨产业培训班，把先进的技术和管理经验传授给生产企业，帮助企业解决刺梨在生产、销售过程中遇到的难题，提高企业的生产水平和管理水平。

（五）加强管理

刺梨产业是一个复合型产业，综合了作物学、农学、食品科学、环境学、管理学以及市场营销学等多门学科。因此应掌握刺梨产业自身的技术和规律，促进刺梨产业发展。

贵州独特的地理条件和气候条件，造就了其丰富的刺梨资源[88]。贵州省应加强刺梨野生酵母菌种质资源的管理，包括建设酵母菌菌种资源库。贵州酵母菌资源遍及全省各个县、市。但不同地区气候环境具有一定的差异，因此菌种分布也有差异，在前期考察的基础上，科研机构和企业应收集好种质资源，为育种服务。同时还应保护野生种植地，只有做好菌株生存地的环境保护，才能让野生酵母菌资源得到更好的保护。

随着技术的进步，信息交流和共享显得尤为重要。政府应加强刺梨生产信息交流平台的建设和管理。贵州具有大数据的优势，应启动刺梨生产大数据中心建设，利用大数据和互联网等手段，加快刺梨产业发展方式更新。此外，贵州应加强刺梨生产相关期刊和图书的出版，承接刺梨相关大型会议，搭建刺梨生产交流信息平台，完善信息传播和共享不充分的问题[89]。

尽管贵州发展刺梨产业已多年，但刺梨产业在贵州还属于新兴产业。

目前贵州刺梨产业匹配的本科、专科以及职业教育相关专业设置还比较少，人才远远不能满足产业发展需要，刺梨产业相关学科发展还不完善，无法适应贵州刺梨产业发展对人才的需求。

政府应继续加大对刺梨产业的科技资金投入，支持高校、科研院所以及生产企业组建科研团队、建立相关实验室，进行刺梨产业各环节的科技开发。鼓励科研人员深入企业生产一线，促进更多的科技成果转化。支持有条件的高校设立刺梨生产相关专业，打造产学研生态链，培养刺梨产业方向的高素质专业人才。企业应加大对刺梨产业方向的高层次人才引进，同时加强对基层刺梨产业技术人员的培训，提升企业员工的业务能力。发挥贵州省大数据中心优势，建立全省乃至全国刺梨产业大数据中心，通过大数据和互联网等科技手段，推进贵州刺梨产业发展方式的革新[90]。

（六）企业以市场需求为导向

贵州应加大刺梨产业与其他产业的结合。鲜果集中上市严重降低了刺梨本身的价值，应结合贵州自身的特色产业，加大对刺梨的综合深加工，加大产品的多样性开发，如开发出更多种类的产品。注重知识产权保护，提高创新能力，形成一批知名品牌的产品，抢占国内外市场。

（七）增加刺梨产业经营者的市场意识

政府应做好基础建设和环境建设。基础建设稳固了，经营者就可以更好地感受市场经济的影响，及时了解市场的需求，调整企业发展方向。政府应引导农户成立合作社，降低专业分工和生产成本，提高农户生产效率，促进农户之间形成合理的竞争意识和合作意识。

（八）加大果渣的综合开发利用

随着贵州刺梨产业规模的不断扩大，果渣的产生量也在剧增。大量的果渣不仅对环境造成了较大的压力，更是一种资源的浪费[91,92]。在强化刺梨生产全产业链的同时，应重视果渣的综合开发和利用。可借鉴国内外先进经验，将果渣开发成动物饲料，也可开发成菌肥用于作物的育苗和栽培，包括各种园艺植物、中草药等栽培。还可将果渣用于改良土壤理化性质，增加土壤肥力，提高土壤中微生物的数量和种类，促进土壤的腐殖化进程，增加土壤大团聚体的含量，增加土壤的保水性。

（九）完善市场功能

市场具有商品流通、合理配置社会资源的功能。政府在市场建设中处于主导地位，在市场运行出现困难和问题时，要及时解决并给予支持，合理引导和规范企业的行为，保证市场的信息流畅和公平竞争。政府还应加大刺梨市场基础设施建设，并进行宣传，使更多的企业加入刺梨市场[93]。

目前，贵州刺梨产品批发市场还是以传统的交易方式为主，电子交易环境较少，市场效率低下。政府应引导企业转变批发市场交易方式，增加电子交易，推动流通的现代化。各市场应结合刺梨产品本身特点，加强包装管理意识，规范产品在市场中的流通。

贵州刺梨产品生产以农户为主，较为分散。刺梨产业在收货、分级、销售等环节过于分散，渠道长，耗时多。因此，贵州应在现有的刺梨产品市场基础上进一步完善市场的功能，拓展刺梨产品供给市场的信息流通。

贵州全省不同地区应按照区域生态环境，错位发展，防止各地区均一化发展。在这个过程中，政府应通过加强顶层设计，制定产业发展规划，合理调整产业布局，优化产业结构，统筹刺梨全产业链的协调发展。另外，统一全省刺梨产业标准，借鉴国际上先进的经验或者类似行业的标准，建立全省刺梨行业的标准。“民以食为天”，只有把消费者放在心上，只有把产品的质量摆在最重要的位置上，刺梨产业才能实现长久的发展。建立刺梨产业标准，建立产地可追溯的质量标识制度，是贵州刺梨产业的发展方向之一[94]。

（十）刺梨协会做好桥梁和服务工作

贵州刺梨产业发展日益壮大，刺梨生产企业之间要加强交流，进一步强化刺梨协会的作用，充分发挥其在广泛联络刺梨产业界、学术界及其他社会各界中的沟通优势，开展相应的指导工作，发挥好政府和企业之间的桥梁纽带作用，科学有效地为会员和会员单位提供所需的项目资源、规划指导等方面的服务，引导刺梨企业科学、健康、有效的发展，促进刺梨企业的有序竞争和可持续发展[95]。

参考文献

[1] 陈仪坤，张超，徐雷．贵州省刺梨资源开发利用及对策［J］．现代营销（下旬刊），2020（10）：164－165.

[2] 王彩云，阮培均．贵州刺梨资源开发与应用［M］．北京：化学工业出版社，2020.

[3] 胡雪勇．石漠化地区植被恢复中刺梨的生态价值与种植技术探讨［J］．现代园艺，2021，44（2）：18－19.

[4] 李彩琴．贵州省黔南州龙里县强民生态刺梨专业合作社理事长肖发海：乡村振兴必须以产业带动［J］．中国合作经济，2018（2）：36.

[5] 卢晨，鲁敏，安华明．“贵农五号”刺梨叶、花中氨基酸的组成与含量分析［J］．山地农业生物学报，2019，38（6）：49－53.

[6] 田源，曹佩雪，梁光义，等．刺梨叶化学成分研究［J］．山地农业生物学报，2009，28（4）：366－368.

[7] 安华明，陈力耕，樊卫国，等．刺梨叶衰老过程中维生素C含量和部分抗氧化酶活性的变化［J］．园艺学报，2005（6）：994－997.

[8] 牟君富．贵州野生刺梨果实中Vc含量变化规律［J］．食品科学，1984（7）：4－8.

[9] 安华明，刘明，杨曼，等．刺梨有机酸组分及抗坏血酸含量分析［J］．中国农业科学，2011，44（10）：2094－2100.

[10] 何照范，牛爱珍，向显衡，等．刺梨果实营养及其维生素C含量变化的研究［J］．园艺学报，1984（4）：271－273.

[11] 樊卫国，安华明，刘国琴，等．刺梨果实与种子内源激素含量变化及其与果实发育的关系［J］．中国农业科学，2004（5）：728－733.

[12] 穆瑞，樊卫国．不同大小的刺梨果实品质特征及重要指标间的相关性［J］．中国南方果树，2018，47（5）：122－127.

[13] 向仰州，喻阳华，刘英，等．刺梨果实品质与土壤养分的多元分析［J］．贵州师范大学学报（自然科学版），2018，36（5）：74－78.

[14] 樊卫国，叶双全．花期喷硼对刺梨果实产量及品质的影响［J］．中国南方果树，2016，45（4）：111－113.

[15] 白静，张宗泽，鲁敏，等．贵州不同地区野生刺梨果实品质分析［J］．贵州农业科学，2016，44（3）：43－46.

[16] 黄桔梅，罗松，徐飞英．刺梨果实中 SOD 含量与生态气候研究［J］．贵州气象，2003（5）：32－35.

[17] 李东，谭书明，刘凯，等．刺梨种子中水解氨基酸的测定分析［J］．食品与发酵科技，2015，51（1）：70－73.

[18] 王夭恩，陈兴良．刺梨种子油中的脂肪酸成分［J］．贵州大学学报（自然科学版），1994（2）：116－119.

[19] 陈青，高健．HS－SPME－GC－MS 分析刺梨种子挥发性香气成分［J］．中国酿造，2014，33（1）：141－142.

[20] 方修贵，李嗣彪，郑益清．刺梨的营养价值及其开发利用［J］．食品工业科技，2004，25（1）：137－138.

[21] 姚敏．刺梨果酒技术研究：发酵过程成分变化及与刺梨浸泡酒的营养、风味、滋味比较［D］．贵阳：贵州大学，2015.

[22] 岳珍珍．野刺梨果汁加工技术研究［D］．杨凌：西北农林科技大学，2016.

[23] 胡晓红．刺梨果脯制作技术［J］．现代农业科技，2020（13）：221，223.

[24] 梁莲莉，韩琳，陈雪，等．刺梨鲜果挥发性香气成分的研究［J］．化学通报，1992（5）：34－36，39.

[25] 周志，范刚，王可兴，等．微波辅助酸解释放刺梨汁键合态香气物质的效果［J］．食品科学，2012，33（8）：99－103.

[26] 周志，汪兴平，朱玉昌，等．刺梨皮渣和籽仁中游离态和键合态香气物质的比较［J］．食品科学，2014，35（22）：121－125.

[27] 彭邦远，罗昱，张洪礼，等．β－葡萄糖苷酶对刺梨汁香气物质的影响［J］．中

国酿造，2017，36（7）：172－177.

［28］李婷婷，黄名正，唐维媛，等．刺梨汁中挥发性成分测定及其呈香贡献分析［J］．食品与发酵工业，2021，47（4）：237－246.

［29］朱建忠．刺梨黄酮对淀粉消化性的影响机理研究［D］．广州：华南理工大学，2020.

［30］陈辉．刺梨黄酮对心衰大鼠 Integrin β 1、FAK 及 BAX、Bcl－2、p53 表达的影响［D］．新乡：新乡医学院，2019.

［31］郝明华，徐萍，李亚娜，等．刺梨黄酮对辐射损伤骨髓细胞周期的影响［J］．新乡医学院学报，2016，33（12）：1044－1046.

［32］张晓玲，瞿伟菁，孙斌，等．刺梨黄酮的体外抗氧化作用［J］．天然产物研究与开发，2005（4）：396－400.

［33］孙红艳，戚晓阳，王国辉，等．不同处理对刺梨黄酮含量及其抑菌活性的影响［J］．食品研究与开发，2016，37（5）：1－4.

［34］张晓玲．刺梨黄酮及其生物学活性研究［D］．上海：华东师范大学，2005.

［35］安华明，刘明，杨曼，等．刺梨有机酸组分及抗坏血酸含量分析［J］．中国农业科学，2011，44（10）：2094－2100.

［36］张峻松，张世涛，黄鸿勋，等．刺梨果中多元酸和高级脂肪酸的分析研究［J］．食品与药品，2007（6）：25－27.

［37］梁光义．刺梨酸的分离与结构研究［J］．药学学报，1987（2）：121－125.

［38］李达，姜楠．刺梨中 Vc、SOD 及黄酮含量的测定及其相互影响［J］．农产品加工，2016（5）：49－50，57.

［39］谭登航，王鹏娇，张硕，等．刺梨不同药用部位中鞣花酸的含量测定及其醇提物的体外抗氧化活性研究［J］．中国药房，2019，30（9）：1236－1240.

［40］李发耀，欧国腾，樊卫国．中国刺梨产业发展报告（2020）［M］．北京：社会科学文献出版社，2020.

［41］汪磊．刺梨多糖的分离纯化、降血糖作用及其对肠道微生态的影响［D］．广州：华南理工大学，2019.

［42］杨江涛，杨娟，杨江冰，等．刺梨多糖对衰老小鼠体内抗氧化能力的影响［J］．营养学报，2008（4）：407－409.

［43］杨娟，杨付梅，孙黔云．刺梨多糖的分离纯化及其神经营养活性［J］．中国药学杂志，2006（13）：980－982.

[44] 陈代雄，姜东，张永华，等. 刺梨多糖对动物免疫功能的影响 [J]. 遵义医学院学报，1991 (1)：1-5.

[45] 关晓艳，胡国鹏，王媛. 不同干燥方式对刺梨多糖多糖含量及抗氧化活性的影响 [J]. 食品安全质量检测学报，2020，11 (8)：2598-2602.

[46] 陈新华. 野生刺梨不同采收期多糖的含量分析 [J]. 微量元素与健康研究，2006 (3)：20-21.

[47] 魏婧，徐畅，李可欣，等. 超氧化物歧化酶的研究进展与植物抗逆性 [J]. 植物生理学报，2020，56 (12)：2571-2584.

[48] 付安妮，高明波，冯杰. 刺梨中 SOD 的提取和酶活测定 [J]. 广州化工，2016，44 (16)：144-146.

[49] 李兰，郭丹钊，孟庆阳. 刺梨细胞中 SOD 的几种提取方法研究 [J]. 食品工业科技，2006 (2)：71-73.

[50] 陈静，吕金海. 外界因素对刺梨中 SOD 活性的影响 [J]. 怀化师专学报，1998 (2)：41-43.

[51] 王丽容，张玉林，周玉英，等. SOD 强化刺梨汁对冠心病患者抗脂质过氧化作用的研究 [J]. 新疆医学院学报，1992 (3)：155-158.

[52] 史肖白，顾姻，庄一义，等. 刺梨果实中 Vc、SOD 含量及其抗动脉粥样硬化的研究 [C] //天然药物资源专业委员会 (Commission of Natural Medicinal Material Resources，CSNR). 中国自然资源学会全国第三届天然药物资源学术研讨会论文集：中国自然资源学会天然药物资源专业委员会，1998：2.

[53] 杨琳. 强化 SOD 刺梨汁对铅中毒动物的治疗作用 [J]. 四川生理科学杂志，1997 (3)：49.

[54] 蔡威黔，李淑芳，缪建春，等. 强化 SOD 刺梨汁对砷中毒大鼠、小鼠的治疗研究 [J]. 中国药学杂志，2001 (12)：27-32.

[55] 张爱华，龙曼海，蒋宪瑶，等. 强化 SOD 刺梨汁的抗突变作用 [J]. 中国药学杂志，1996 (3)：144-147.

[56] 李继强，范建高，范竹萍，等. 野生植物刺梨 SOD 提取液防治大鼠慢性四氯化碳肝损伤 [J]. 胃肠病学. 1998 (4)：221-223.

[57] 张涛. 一种植得推广栽培和应用的经济观赏树种：刺梨 [J]. 河北林业科技，1993 (2)：48-49.

[58] 王怡，李贵荣，朱毅. 刺梨食品研究进展 [J]. 食品研究与开发，2019，40

(18)：213－218.

[59] 樊兴颖，常悦，李端，等. 刺梨保健品的市场营销策略研究 [J]. 现代商业，2014 (13)：69－70.

[60] 张银，任廷远. 刺梨果渣生产功能性饲料的开发利用 [J]. 农产品加工，2019 (19)：53－54.

[61] 张瑜，李小鑫，罗昱，等. 刺梨果渣发酵饲料蛋白的工艺研究 [J]. 中国酿造，2014，33 (11)：75－80.

[62] 胡雪勇. 石漠化地区植被恢复中刺梨的生态价值与种植技术探讨 [J]. 现代园艺，2021，44 (2)：18－19.

[63] 聂怡玫，杜洪业. 刺梨在石漠化地区植被恢复方面的生态价值 [J]. 现代园艺，2014 (11)：67－68.

[64] 刘云，李永和，赵平，等. 无籽刺梨果汁饮料配方及其稳定性研究 [J]. 食品研究与开发，2019，40 (14)：92－96.

[65] 林冰，孙悦，何怡，等. 刺梨酵素的制备及活性测定 [J]. 中国食品添加剂，2018 (10)：109－114.

[66] 刘春梅，代亨燕，苏晓光，等. 刺梨果醋饮料的研制 [J]. 中国酿造，2009 (10)：155－157.

[67] 黄诚，尹红. 湘西野生刺梨果酒加工工艺优化 [J]. 食品科学，2012，33 (24)：16－20.

[68] 张继伟，彭凌，赵小红. 无籽刺梨果酱的工艺研究 [J]. 农产品加工，2017 (16)：21－23.

[69] 何贵伟，刘彤，盛健，等. 刺梨果冻配方的研究 [J]. 山东化工，2015，44 (19)：36－38.

[70] 袁豆豆，赵志峰，高颖，等. 刺梨软糖的研制 [J]. 食品与发酵科技，2013，49 (6)：90－93，98.

[71] 蒋纬，谭书明，胡颖，等. 刺梨果粉喷雾干燥工艺研究 [J]. 食品工业，2013，34 (10)：25－28.

[72] 柯旭清. 刺梨复合果糕的研制 [J]. 食品研究与开发，2020，41 (24)：156－159.

[73] 胡晓红. 刺梨果脯制作技术 [J]. 现代农业科技，2020 (13)：221，223.

[74] 侯彦喜，邢建华，侯巧芝. 发酵型刺梨黑豆饮料的生产工艺及配方研究 [J]. 食品工业，2014，35 (11)：103－106.

[75] 方修贵，祝慕韩，郑益清．刺梨罐头的研制及工艺［J］．食品工业科技，1998（5）：50.

[76] 戚晨伟，翁忠辉，潘晓骅，等．刺梨口服液的研制及功能［J］．食品工业，1996（6）：41－42.

[77] 孙悦，林冰，刘婷婷．刺梨口含片的制备工艺研究［J］．现代食品，2018（14）：130－132.

[78] 张容榕，蔡金腾，漆正方．刺梨胶原蛋白片的制备［J］．食品研究与开发，2016，37（8）：68－71.

[79] 余剑锋，涂小艳，陈青．一种含刺梨种子油雪花膏的制取［J］．广州化工，2018，46（21）：61－63.

[80] 韩会庆，朱健，苏志华．气候变化对贵州省刺梨种植气候适宜性影响［J］．北方园艺，2017（5）：161－164.

[81] 贵州省人民政府办公厅关于印发《贵州省推进刺梨产业发展工作方案（2014—2020年）》的通知。

[82] 王煜，梁华强．贵州省刺梨产业发展SWOT分析及对策［J］．中南林业调查规划，2015，34（3）：9－12.

[83] 樊卫国，向显衡，安华明，等．刺梨新品种“贵农5号”［J］．园艺学报，2011，38（8）：1609－1610.

[84] 李银凤，刘晓柱．贵州省食用菌产业现状与可持续性发展分析［J］．中国农学通报，2020，36（16）：160－164.

[85] 罗桃，王玉奇，陈文本．黔南州刺梨产业链分析［J］．中国林副特产，2020（5）：106－107.

[86] 刘晓柱，赵湖冰，李银凤，等．一株刺梨葡萄汁有孢汉逊酵母的鉴定及酿酒特性分析［J］．食品与发酵工业，2020，46（8）：97－104.

[87] 杜婧．品牌建设视角下贵州刺梨产业发展的问题与对策研究［J］．大众投资指南，2019（20）：212－213.

[88] 邱胜．贵州精品水果“突围”［J］．当代贵州，2019（25）：62－63.

[89] 张忠德．以标准化引领刺梨产业高质量发展［N］．贵州日报，2020－06－17（008）.

[90] 刘政，罗仁府，陆显婷，等．贵州省刺梨产业价值链存在的问题及对策研究［J］．现代营销（下旬刊），2020（6）：136－137.

［91］陈云波，王三宁. 六盘水刺梨果渣利用途径的思考［J］. 现代园艺，2020，43（12）：15－16.

［92］杜雪林，陈亚平，陈旭刚，等. 发酵果渣作为饲料资源的应用研究［J］. 饲料博览，2020（2）：57－60，63.

［93］查钦，张翔宇，阮陪均，等. 贵州省刺梨产业现状梳理及思考［J］. 中国现代中药，2020，22（1）：128－133.

［94］黎静河，郭恩，张仁红. 贵州省发展刺梨产业的路径研究［J］. 理论与当代，2019（3）：39－40.

［95］毛全伦. 加快山地刺梨资源开发——强力打造刺梨特色优势产业［J］. 农家参谋，2017（14）：10，17.

第三章　刺梨果实自然发酵过程中酵母菌多样性研究

果实为植物的生殖器官，包括真果和假果两种类型。真果由植物的子房发育而来，假果由植物的子房以及其他花器官发育而成。植物的果实通常含糖量较高，营养丰富，可作为微生物的天然培养基，因而蕴藏着大量的微生物资源，包括各类酵母菌、细菌等。

第一节　刺梨果实酵母菌多样性研究概况

酵母菌通常可发酵糖类，多存在于含糖高、酸性的环境中，如植物的成熟果实、水果种植的土壤等。鉴别各种植物果实酵母菌的多样性是酵母菌研究领域的热点，也是分离各种优质酵母菌的必要前提条件。

一、纯培养法分离与鉴定

对植物果实上酵母菌多样性的研究主要集中在葡萄领域。葡萄的果实类型属于浆果，果肉中含有水、糖类、有机酸、矿物质、果胶等多种成分。根据其用途可分为鲜食葡萄和酿酒葡萄两大类。张文霞等采用纯培养法对宁夏贺兰山东麓地区的葡萄自然发酵液中酵母菌的多样性进行了研究，从银川、立兰、红寺堡、广夏 4 个基地的葡萄果实自然发酵液中共分离到 6 个属、9 个种共计 316 株酵母菌[1]。各基地葡萄果实自然发酵液中均分离到了酿酒酵母、葡萄汁有孢汉逊酵母、美极梅奇酵母、泽姆普林纳假丝酵母。各基地酵母菌种属分布也具有一定的差异性，例如，在广夏基地未分离到其他 3 个基地均有的克鲁维毕赤酵母；只在立兰、银川基地分离到了库德里阿兹威毕赤酵母；仅银川基地可分离到戴尔有孢圆酵母。陈文婷对湖南省刺葡萄野生酵母菌进行了分离与鉴定[2]，从 4 个不同刺葡萄品种/类型的果实上分离出 13 个不同种，共计 405 株酵母菌，形态学与分子生物学鉴定为酿酒酵母、葡萄汁有孢汉逊酵母、罕见有孢汉逊酵母（*Hanseniaspora occidentalis*）、仙人掌有孢汉逊酵母（*Hanseniaspora opuntiae*）、葡萄酒复膜孢酵母（*Saccharomycopsis vini*）、锁掷孢酵母（*Sporidiobolus pararoseus*）、季也蒙有孢汉逊酵母（*Hanseniaspera guilliermondii*）、陆生伊萨酵母（*Issatchenkia terricola*）、*Candida railenensis*、泽姆普林纳假丝酵母、*Zygoascus meyerae*、*Debaryomyce shansenii*、*Candida* sp.。Grangeteau 等从法国勃艮第地区霞多丽葡萄上分离出 8 个属、140 种酵母菌，优势菌为隐球酵母属，其他为酿酒酵母属、毕赤酵母属、丝孢酵母属（*Trichosporon*）[3]。Brysch－Herzberg 则对德国两个葡萄酒产区的酵母菌多样性进行了研究，结果发现有孢汉逊酵母属、梅奇酵母属为主要类群[4]。

根据酵母菌的发酵特性，可分为酿酒酵母和非酿酒酵母两大类。研究发现，非酿酒酵母代谢产物对酒类的香气、风味和品质产生重要影响。王晓昌采用纯培养法从宁夏贺兰山东麓葡萄产区分离出 328 株酵母菌，形态学结果初步鉴定出 4 类非酿酒酵母，最终分子生物学结果鉴定为红酵母属、葡萄汁有孢汉逊酵母、梅奇酵母属。研究还发现，红酵母、葡萄汁有孢汉逊酵母启动发酵快，糖耐受性好，梅奇酵母、葡萄汁有孢汉逊酵母对葡萄酒香气贡献较大[5]。刘晓柱等利用纯培养法对鲜食葡萄品种阳光玫瑰酵母菌进行了分离，从中分离出 10 类酵母菌，分别为葡萄汁有孢汉逊酵母、加利福尼亚假丝酵母（*Candida californica*）、盔形毕赤酵母（*Pichia manshurica*）、茶叶籽酵母（*Meyerozyma caribbica*）、季也蒙毕赤酵母、拜耳结合酵母、蜂生假丝酵母（*Candida apicola*）、异常威克汉姆酵母、西方毕赤酵母（*Pichia occidentalis*）、*Starmerella bacillaris*，大部分菌株可以耐受 6% 的乙醇处理且对柠檬酸具有较好耐受性。[6]张俊杰等采用富集分离方法，从河南安阳、漯河、长垣三地的赤霞珠葡萄表皮上分离得到 4 个属、6 个种，共计 193 株酵母菌，鉴定为葡萄汁有孢汉逊酵母、*Pichia terricola*、仙人掌有孢汉逊酵母、橡树假丝酵母（*Candida quercitrusa*）、陆生伊萨酵母，分布最广的物种为葡萄汁有孢汉逊酵母、仙人掌有孢汉逊酵母，该研究表明了河南不同地区赤霞珠葡萄表皮酵母菌多样性不同，漯河地区酵母菌多样性最高[7]。李海涛等从山葡萄及葡萄园土壤中分离出 18 株酵母菌，包括 12 株酿酒酵母、3 株发酵毕赤酵母、3 株乳酸克鲁维酵母（*Kluyveromyces lactis*）[8]。

除了葡萄品种外，学者们还对其他植物果实酵母菌多样性进行了分析。黄鹭强等对福建云霄地区的枇杷果实酵母菌群进行分离，从成熟的枇杷果皮上分离出 203 株酵母菌，形态学结果表明这些酵母菌可归为 17 类，分子生物学证据表明分离的酵母菌属有 9 属、13 种[9]。罗晓辉等在不同成熟期的杨梅果实中鉴定出 18 种优势菌，包括 6 种细菌、12 种真菌，掷孢酵母属酵母存在于杨梅果实不同生长期[10]。

二、高通量测序鉴定

由于自然界中绝大部分微生物还不能通过纯培养法获得，纯培养分离鉴定法获得的结果具有一定的局限性。高通量测序法通过提取样本中基因组 DNA，对样本中微生物的遗传物质进行测序、比对，克服纯培养法不能较好地鉴定未培养微生物的缺陷，可以较为全面地鉴定出样本中微生物多样性[11,12]。Wang 等结合高通量测序法与传统纯培养法对中国的野生刺葡萄（*Vitis davidii* Föex）自然发酵过程中酵母菌多样性进行了分析，发现葡萄汁有孢汉逊酵母、*Pichia terricola*、日本裂殖酵母（*Schizosaccharomyces japonicus*）以及 *Saccharomyces cerevisiae/S. mikatae* 为主要的四大类优势酵母菌。纯培养法鉴定出包括汉逊德巴利酵母（*Debaryomyces hansenii*）、胶红酵母、*Zygoascus meyerae*、*Starmerella bacillaris*、*Sporidiobolus paraoseus* 等在内的 10 类酵母，日本裂殖酵母存在于刺葡萄自然发酵的整个过程，其浓度高于酿酒酵母[13]。Li 等研究结果表明在冰葡萄酒自然发酵过程中，非酿酒酵母在发酵的前期与中期为优势菌种，酿酒酵母为后期优势种，假丝酵母属存在于整个发酵期，在发酵后期丰富度稍低于酿酒酵母[14]。

第二节 刺梨果实酵母菌多样性分析

刺梨属于被子植物门、双子叶植物纲、蔷薇目、蔷薇科、蔷薇属的多年生落叶小灌木[15,16]。刺梨已被开发成食品、药品、保健品、化妆品等多种产品[17,18]。酵母菌作为一种重要工业微生物菌种，广泛应用于各类食品生产[19,20]。但目前对刺梨果实酵母菌的研究还比较少，本节探讨了刺梨果实自然发酵过程中酵母菌的多样性。

一、原理与方法

（一）刺梨果实材料

新鲜“贵农5号”刺梨果实，采自贵州龙里地区。

（二）引物

高通量测序所用引物由上海美吉生物科技有限公司合成、提供，引物序列如表3-1所示。

表3-1 刺梨果实酵母菌高通量测序所用引物

引物名称	序列（5′—3′）	用途
ITS3F	GCATCGATGAAGAACGCAGC	扩增ITS区域，用于菌株高通量测序
ITS4R	TCCTCCGCTTATTGATATGC	

菌株26S rDNA测序所用引物由上海美吉生物科技有限公司合成、提供，引物序列如表3-2所示。

表 3-2 刺梨果实酵母菌 26S rDNA 测序所用引物

引物名称	序列（5′—3′）	用途
NL1	GCATATCAATAAGCGGAGGAAAAG	扩增 26S rDNA D1/D2 区域，用于菌株分子鉴定
NL4	GGTCCGTGTTTCAAGACGG	

（三）培养基

YPD 液体培养基：酵母浸粉 10 g/L，蛋白胨 20 g/L，葡萄糖 20 g/L，pH 自然，121 ℃，灭菌 15 min。4 ℃保存备用。

YPD 固体培养基：酵母浸粉 10 g/L，蛋白胨 20 g/L，葡萄糖 20 g/L，琼脂 20 g/L，pH 自然，121 ℃，灭菌 15 min。4 ℃保存备用。

WL 培养基：酵母浸粉 4 g/L，蛋白胨 5 g/L，葡萄糖 50 g/L，琼脂 20 g/L，储存液 A（磷酸二氢钾 13.75 g/L，氯化钾 10.625 g/L，氯化钙 3.125 g/L，七水合硫酸镁 3.125 g/L）40 mL/L，储存液 B（氯化铁 2.5 g/L，硫酸锰 2.5 g/L）1 mL/L，储存液 C（0.44 g 溴甲酚绿溶于 10 mL 无菌蒸馏水和 10 mL 95% 乙醇中）1 mL/L，pH 自然，121 ℃，灭菌 15 min。4 ℃保存备用。

（四）刺梨果实的自然发酵与富集培养

自然发酵：新鲜、成熟、无霉烂刺梨，无菌水冲洗果实表面泥沙，果实切碎，置于无菌 1 L 三角瓶中。28 ℃进行静止自然发酵，在自然发酵的 1 d、3 d、5 d、15 d 分别取样 3 mL，命名为 F1、F3、F5、F15，每个样本 3 个平行组，实验结果取均值。样本一半保存于 -80 ℃冰箱用于高通量测序，另一半用于菌株分离。

富集培养：称取 5 g 刺梨果肉于 45 mL 的 YPD 液体培养基中，在 28 ℃和 200 rpm 条件下培养 48 h 至液体培养基变浑浊，镜检。取样 3 mL，命名为 E，3 个平行组，实验结果取均值，样本一半用于菌株分离，另一半保存于 -80 ℃冰箱，用于高通量测序。

（五）菌株的分离与鉴定

刺梨自然发酵液和富集培养液用生理盐水进行 10^5、10^6 倍梯度稀释，分别吸取 0.1 mL 稀释液，均匀涂布于含有 100 mg/L 氯霉素的 YPD 固体平板上，28 ℃培养 48 h。挑取肉眼观察菌落形态不同的单个菌落，每种形态菌落挑选 20 个单菌落，镜检，并继续划线于 YPD 固体平板上，28 ℃培养 48 h，直至形成纯化的单克隆为止。

挑取已纯化的单克隆继续划线于 WL 固体平板上，28 ℃培养 5 d，观察菌落颜色和形态。挑取已纯化的单克隆，进行 26S rDNA D1/D2 区域的菌落 PCR 扩增。扩增条件为 95 ℃ 5 min，95 ℃ 1 min，52 ℃ 1 min，72 ℃ 1 min，循环次数为 35 次，最后，72 ℃延伸 10 min。PCR 扩增产物送至生工生物工程（上海）股份有限公司进行测序。测序结果提交至 GenBank 数据库，用 BLAST（https://blast.ncbi.nlm.nih.gov/Blast.cgi）进行相关序列搜索，与 GenBank 数据库中现有的近缘菌株的序列比对。

（六）高通量测序与生物信息学分析

按照试剂盒说明书提取刺梨自然发酵液和富集培养液中细胞基因组 DNA，利用 NanoDrop 2000 超微量分光光度计进行 DNA 纯度与浓度检测，琼脂糖凝胶电泳进行 DNA 完整性检测。取适量的 DNA 模板，以 ITS3F 和 ITS4R 为引物进行 PCR 扩增，PCR 产物经琼脂糖凝胶电泳检测后，进行回收和纯化。文库的构建与 MiSeq 测序由上海美吉生物科技有限公司完成。

MiSeq 测序得到的序列，在上海美吉生物科技有限公司的微生物多样性云分析平台（https://www.i-sanger.com/）上进行数据的生物信息学分析。首先，根据取样的时间和方式，把测序数据的样本分为 F1、F3、F5、F15 和 E 共 5 组。其次，按照相似度为 97%，最小样本序列数按照样本序列抽平处理。根据云分析平台的操作步骤，进行物种组成分析、样本比较分析、物种差异分析和进化分析等。

二、结果与分析

（一）刺梨基本情况

新鲜“贵农5号”刺梨果实，采自贵州龙里地区（见图3－1），平均重量为（22.35 ±1.04）g，果渣糖度为（9.84 ±0.15）°Brix，pH为3.53 ±0.09。

图3－1 “贵农5号”刺梨果实样本内、外部形态结构

（二）高通量测序分析刺梨果实自然发酵过程中酵母菌多样性

1. 高通量测序样本数据分析

刺梨果实自然发酵液4个样本（F1、F3、F5、F15），高通量测序数据经质量控制处理后共得到935198条有效序列，序列的平均长度为322 bp。根据97%的相似度，抽评处理后共得到182个操作分类单位（operational taxonomic units，OTUs）。

2. Alpha多样性分析

香农（Shannon）指数和辛普森（Simpson）指数常被用来评价样本中物种多样性。通常情况下，Shannon指数数值越大，Simpson指数数值越小，样本中物种多样性越高。反之，样本中物种多样性越低[21,22]。如表3－3所示，在刺梨果实自然发酵过程中，样本F5的Shannon指数数值最大，Simpson 指数数值最小，暗示样本 F5 中酵母菌多样性最高，但测得的 OTUs 值非最高值。样本 F1 的 Shannon 指数数值最小，Simpson 指数数值最大，暗示样本 F1 中物种多样性最低，但测得的 OTUs 值最大。因此，Shannon 指数、Simpson 指数与 OTUs 之间没有相关性。在刺梨自然发酵的 4 个样本（F1、F3、F5、F15）中，Shannon 指数先增加，后降低，Simpson 指数先降低，后增加，OTUs 值却一直在降低，表明随着刺梨果实自然发酵的不断进行，酵母菌物种多样性先增加，后降低。此外，刺梨果实富集培养液中，Shannon 指数、Simpson 指数、OTUs 值与果实自然发酵的样本相比，整体上 Shannon 指数偏低，Simpson 指数偏高，OTUs 值偏少。暗示多样性刺梨果实的富集培养液中酵母菌多样性要低于自然发酵液样本中的酵母菌。

Ace 指数和 Chao 指数也被用来评价样本中物种多样性。Ace 指数与 Chao 指数数值越大，则表示样本中物种种类越多。反之，样本中物种种类越少[23,24]。在刺梨果实自然发酵液 4 个样本（F1、F3、F5、F15）中，样本 F1 的 Ace 指数、Chao 指数、OTUs 值均最大，样本 F15 的 Ace 指数、Chao 指数、OTUs 值均最小。因此，Ace 指数、Chao 指数、OTUs 之间具有相关性。此外，刺梨果实富集培养液中 Ace 指数、Chao 指数数值整体上低于果实自然发酵液样本的数值，样本 F15 的 Chao 指数例外。

覆盖度（Coverage）用来表示样本中低丰富度的 OTUs 覆盖情况，其数值越大，说明样本中序列被测出来的概率也越高[25]。样本 F15、E 的 Coverage 值为 1，样本 F1、F3、F5 的 Coverage 值为 0.999，接近 1（见表 3－3）。说明本次所有样本的测序结果覆盖低丰富度的 OTUs 均较高，测序的结果代表了样本中酵母菌的真实状况。

表 3－3　刺梨果实样本中酵母多样性指数

样本	OTUs 值	Shannon 指数	Simpson 指数	Ace 指数	Chao 指数	Coverage 值
F1	93	1.612	0.283	129.799	118.091	0.999
F3	91	1.913	0.195	114.562	111.653	0.999
F5	77	1.934	0.184	122.722	111.541	0.999
F15	39	1.691	0.258	55.882	48.556	1.000
E	44	1.608	0.318	54.961	50.918	1.000

3. 刺梨果实自然发酵过程中物种组成

刺梨果实自然发酵液样本（F1、F3、F5、F15）及富集培养液样本（E）中共发现 81 个属、107 个种的酵母菌。样本 F1 包含 69 个属、88 个种，样本 F3 包含 65 个属、81 个种，样本 F5 包含 52 个属、68 个种，样本 F15 包含 27 个属、35 个种，样本 E 包含 38 个属、55 个种（见图 3－2）。因此随着刺梨的不断发酵，酵母菌种类数不断降低。另外，通过 YPD 培养基富集培养液样本（E）所得到的酵母菌种类与自然发酵前 5 d 的样本（F1、F3、F5）相比，酵母菌种类要少。

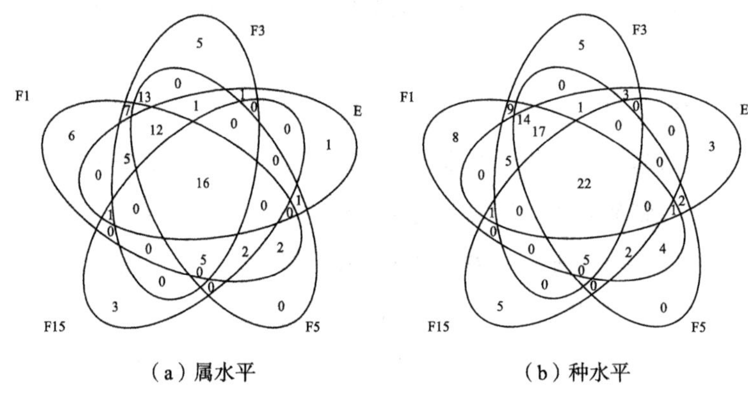

（a）属水平　　（b）种水平

图 3－2　刺梨果实自然发酵和富集培养不同样本酵母菌分布

各样本中酵母菌群属分布如图 3－3 所示，属水平上，刺梨果实自然发酵液样本 F1 中，有孢汉逊酵母丰富度最高，依次为生丝毕赤酵母属（*Hyphopichia*）、unclassified_k_Fungi、毕赤酵母属、威克汉姆酵母属等。样本 F3 中，毕赤酵母丰富度最高，其次为有孢汉逊酵母属、生丝毕赤酵母属、unclassified_k_Fungi、unclassified_o_Saccharomycetales、威克汉姆酵母属等。样本 F5 中，毕赤酵母属丰富度最高，其次为有孢汉逊酵母属、生丝毕赤酵母、unclassified_k_Fungi、unclassified_o_Saccharomycetales、威克汉姆酵母属等。样本 F15 中，毕赤酵母属依然丰富度最高，其次是 unclassified_o_Saccharomycetales、有孢汉逊酵母属、unclassified_k_Fungi、覆膜孢酵母属、假丝酵母属等。刺梨富集培养液样本 E 中，有孢汉逊酵母属丰富度最高，其次为生丝毕赤酵母属、毕赤酵母属、掷孢酵母属、威克汉姆酵母属等。

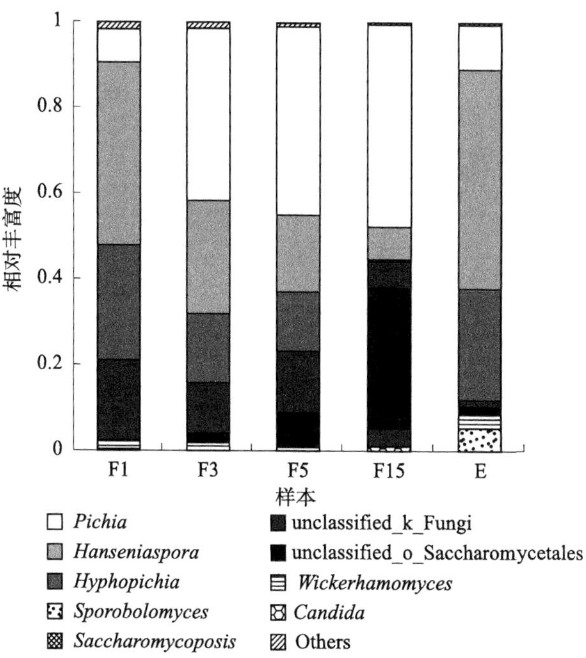

图 3－3 刺梨果实自然发酵和富集培养不同样本酵母菌群属水平分布

如图 3－4 所示，种水平上，刺梨果实自然发酵液样本 F1 中，*Hanseniaspora* sp. 丰富度最高，依次为伯顿丝孢毕赤酵母（*Hyphopichia burtonii*）、真菌（Fungi_sp）、克鲁维毕赤酵母、异常威克汉姆酵母等。样本 F3 中，丰富度最高的为 *Hanseniaspora* sp.，其次为 *Pichia sporocuriosa*、克鲁维毕赤酵母、伯顿丝孢毕赤酵母、Fungi_sp、unclassified_o_Saccharomycetales、异常威克汉姆酵母等。样本 F5 中，丰富度最高的是 *Pichia sporocuriosa*，其次是 *Hanseniaspora* sp.、克鲁维毕赤酵母、Fungi_sp、伯顿丝孢毕赤酵母、unclassified_o_Saccharomycetales 以及异常威克汉姆酵母等。样本 F15 中，丰富度最高的是 *Pichia sporocuriosa*，其次是 unclassified_o_Saccharomycetales、克鲁维毕赤酵母、*Hanseniaspora* sp.、Fungi_sp、葡萄酒覆膜孢酵母、异常威克汉姆酵母等。刺梨富集培养液样本 E 中，丰富度最高的是 *Hanseniaspora* sp.，其次是伯顿丝孢毕赤酵母、克鲁维毕赤酵母、香气掷孢酵母（*Sporobo-*

lomyces odoratus）、异常威克汉姆酵母等。

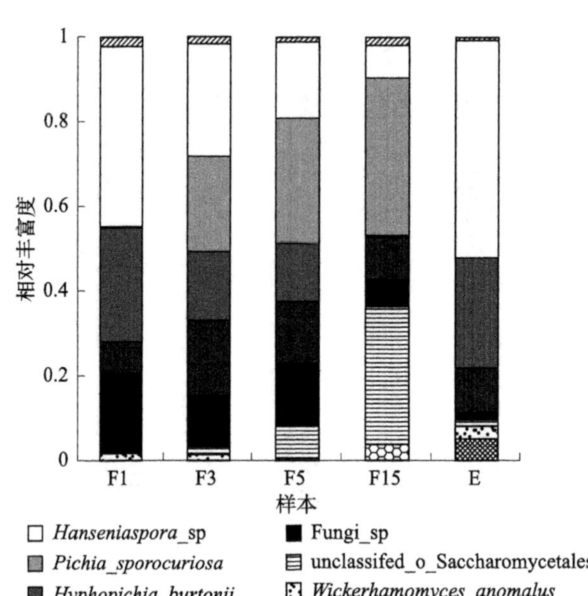

图 3-4 刺梨果实自然发酵和富集培养不同样本酵母菌群种水平分布

综上，刺梨果实优势酵母菌为 *Hanseniaspora* sp.、伯顿丝孢毕赤酵母，在发酵起始阶段（样本 F1）中分别占比 42.59%、26.85%。随着刺梨果实自然发酵不断进行，*Hanseniaspora* sp.、伯顿丝孢毕赤酵母二者所占比例均表现出不断降低的特性，在自然发酵的第 15 天，*Hanseniaspora* sp.、伯顿丝孢毕赤酵母所占比例已分别降低到 7.73%、0.52%。相反，在刺梨果实自然发酵过程，*Pichia sporocuriosa* 和 unclassified_o_Saccharomycetales 所占比例表现出不断增加的特性，分别从 0.23%、0.33%（样本 F1）增加到 37.26%、32.62%（样本 F15）。

4. 样本组成比较分析

采用非度量多维尺度分析（non - metric multidimensional scaling, NMDS）方法[26]，分析刺梨果实自然发酵液、富集培养液样本组成特点。分析结果显示，*stress* 值为 0.011，小于 0.05，表明分析结果具有很好的代表性。图 3－5 的结果显示，样本 F3、F5 二者位于一个大的区域，聚为一大类，样本 F1、F15、E 则分别位于一个类群。因此，样本 F3、F5 的物种组成较为相似。

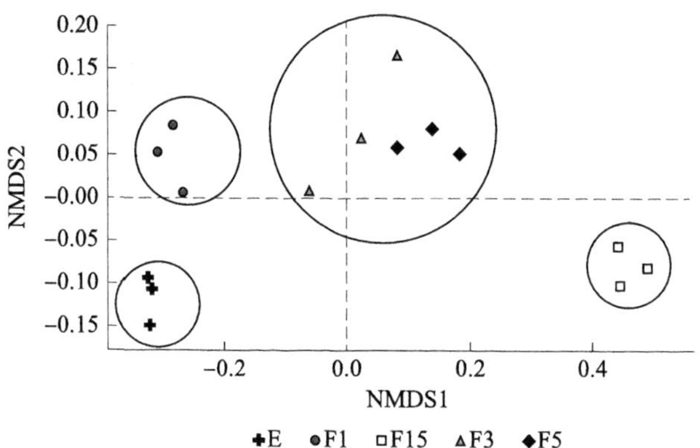

图 3－5　刺梨果实自然发酵和富集培养不同样本酵母菌群组成分布

此外，基于各样本菌群分型分析的结果也表明样本 F3、F5 的组成较为相似（见图 3－6），该结果也与 NMDS 结果较为一致。说明刺梨果实自然发酵中期，酵母菌的物种组成较为相似。

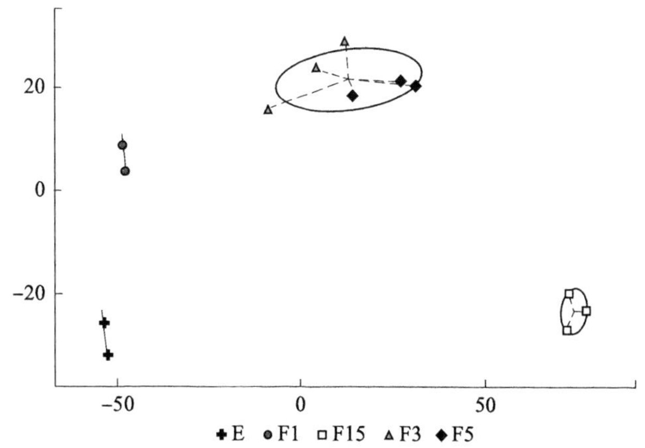

图 3－6　刺梨果实自然发酵和富集培养不同样本酵母菌菌群分型分析

5. 样本差异性比较分析

采用单因素方差分析（One－way ANOVA）方法[27]，分析了 5 个样本物种组成差异性。结果表明，5 个样本在 *Hanseniaspora* sp.、*Pichia sporocuriosa*、伯顿丝孢毕赤酵母、unclassified_k_Fungi、unclassified_o_Saccharomycetales 组成上具有极其显著的差异（$P \leqslant 0.001$）。在克鲁维毕赤酵母、异常威克汉姆酵母和香气掷孢酵母组成上，具有极显著的差异（$P \leqslant 0.01$）（见图 3-7）。因此，在刺梨果实自然发酵过程中，这几类酵母菌种群变化较大。

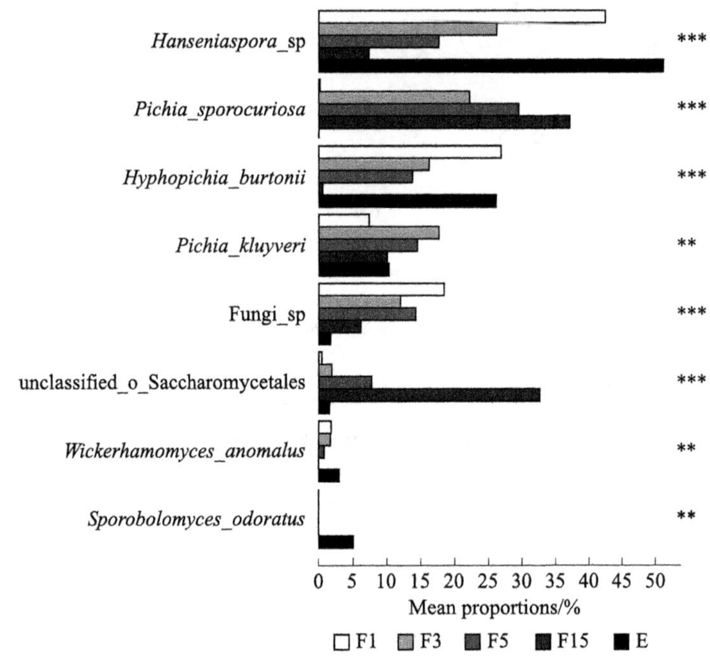

图 3-7　刺梨果实自然发酵和富集培养不同样本酵母菌群种水平差异性分析

注：** 指 $P \leqslant 0.01$，*** 指 $P \leqslant 0.001$。

6. 进化分析

由于刺梨果实自然发酵液样本（F1、F3、F5、F15）和富集培养液样本（E）中都存在 unclassified_k_Fungi、unclassified_o_Saccharomycetales。因此，著者构建了物种系统进化树，分析其系统进化关系。通过进化分析，发现 unclassified_k_Fungi 与香气掷孢酵母亲缘关系较近，与毕赤酵母亲缘关系较远。unclassified_o_Saccharomycetales 与歧异假丝酵母（*Candida diversa*）亲缘关系最近（见图 3-8）。

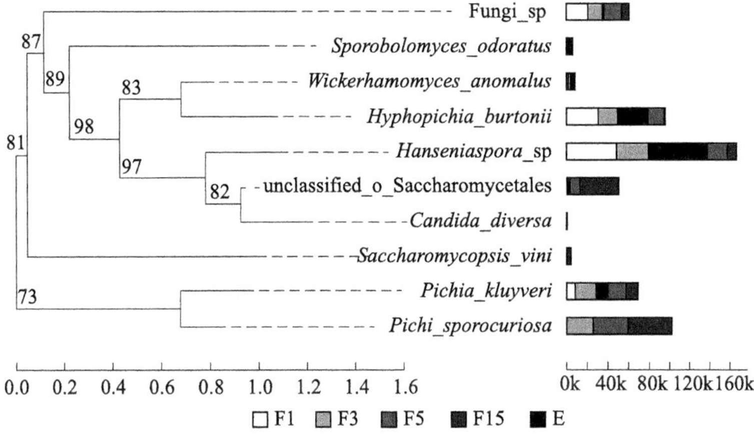

图 3-8 刺梨果实自然发酵和富集培养不同样本酵母菌群种水平进化分析

（三）纯培养法分析刺梨果实酵母菌多样性

WL 培养基是一种非选择性培养基，不同的酵母菌在 WL 培养基上的菌落形态和颜色不同[27-32]。采用 WL 培养基，从刺梨果实不同阶段的自然发酵液样本（F1、F3、F5、F15）中分离得到的酵母菌株可分为五大类，其菌落形态和细胞性状如图 3-9 和表 3-4 所示。

表 3-4 基于 WL 培养基上刺梨果实样本的各类酵母菌菌落特征

菌落类型	名称	在 WL 培养基上的形态特征
Ⅰ	葡萄汁有孢汉逊酵母[19]	菌落圆形，深绿色，扁平，表面光滑，不透明
Ⅱ	伯顿丝孢毕赤酵母[20]	菌落圆形，白色，绒毛凸起，边缘有绒毛突出
Ⅲ	克鲁维毕赤酵母[21]	白色带淡绿色，表面褶皱，粗糙，扁平
Ⅴ	*Pichia sporocuriosa*[22]	菌落圆形，青绿色，边缘颜色浅白，扁平
Ⅵ	异常威克汉姆酵母[23]	菌落圆形，表面白色覆盖，中间深绿色，扁平

从刺梨果实不同阶段的自然发酵液样本（F1、F3、F5、F15）中共分离 80 株酵母菌，根据其在 WL 培养基上的形态特征，每一类型菌株取 2 株，采用 NL1 和 NL4 引物，扩增菌株 26S rDNA D1/D2 区域进行 PCR 分析。PCR 产物经测序，BLAST 比对，发现Ⅰ类为葡萄汁有孢汉逊酵母，Ⅱ类为伯顿丝孢毕赤酵母、Ⅲ类为克鲁维毕赤酵母、Ⅴ类为 *Pichia sporocuriosa*、Ⅵ类

为异常威克汉姆酵母。

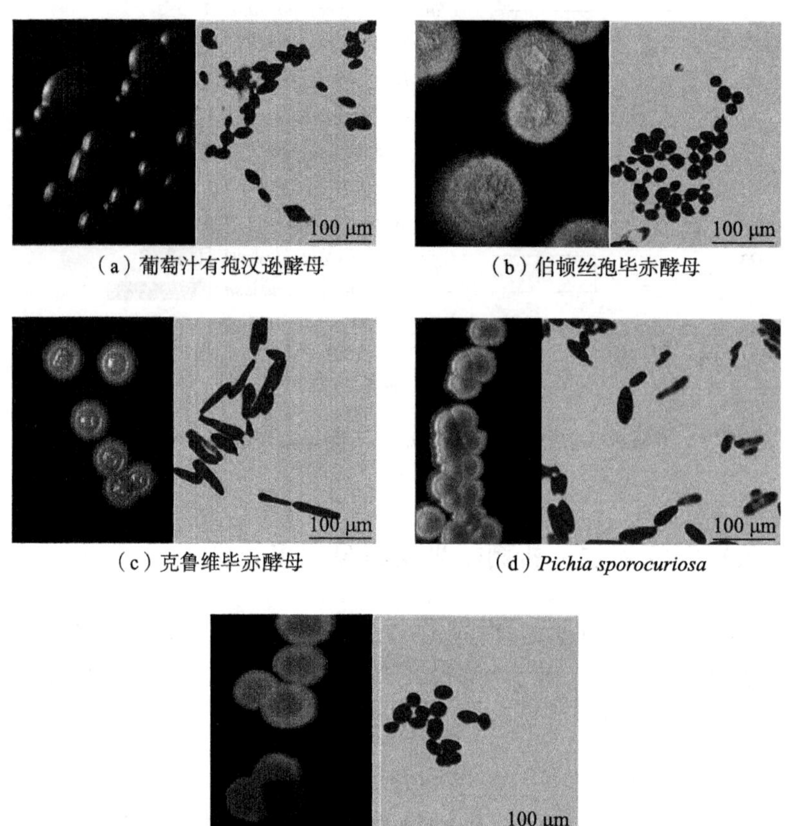

（a）葡萄汁有孢汉逊酵母　（b）伯顿丝孢毕赤酵母

（c）克鲁维毕赤酵母　（d）*Pichia sporocuriosa*

（e）异常威克汉姆酵母

图 3－9　WL 培养基上刺梨果实样本各类酵母菌落形态特征

注：Bar = 100 μm。

在刺梨果实自然发酵液样本 F1 中，优势酵母菌株为葡萄汁有孢汉逊酵母和伯顿丝孢毕赤酵母。样本 F3 中优势酵母菌株为葡萄汁有孢汉逊酵母、*Pichia sporocuriosa*、克鲁维毕赤酵母和伯顿丝孢毕赤酵母。样本 F5 中，优势酵母菌株为 *Pichia sporocuriosa*、葡萄汁有孢汉逊酵母、克鲁维毕赤酵母和伯顿丝孢毕赤酵母。样本 F15 中，优势酵母菌株为 *Pichia sporocuriosa*、克鲁维毕赤酵母和葡萄汁有孢汉逊酵母。纯培养法的结果与高通量测序法获得的结果较为一致（见图 3－4）。各样本、各菌株分布和变化情况如表 3－5 所示。

表 3-5 刺梨果实样本自然发酵过程酵母菌菌群组成

酵母菌种类	菌群组成（%）			
	F1	F3	F5	F15
葡萄汁有孢汉逊酵母	50	25	20	15
伯顿丝孢毕赤酵母	25	20	15	5
克鲁维毕赤酵母	15	20	15	15
Pichia sporocuriosa	0	30	45	65
异常威克汉姆酵母	10	5	5	0

三、讨论

目前，除葡萄酒外，大多数果酒生产缺乏专用酵母菌，刺梨果酒也不例外。采用高通量测序法以及传统的纯培养法分析刺梨酿酒过程中酵母菌的多样性，对刺梨酵母菌的选育具有重要的指导意义。高通量测序结果表明，刺梨果实中存在丰富的酵母菌资源，包含 81 个属、107 个种。研究显示，一些酵母菌可分泌一些胞外酶，水解果汁中结合态的底物，有利于增加果酒的香气成分[33]，也有一些酵母菌可产生高浓度的甘油、酯类或低浓度的乙酸，增加果酒的复杂度[34]。因此，刺梨丰富的野生酵母菌资源具有较大的开发潜力。

高通量测序结果还表明，刺梨果实优势非酿酒酵母菌群为汉逊酵母和伯顿丝孢毕赤酵母，随着发酵的进行，酒精含量不断增加，二者的比例逐渐降低。暗示这两种酵母菌可能对酒精或酿酒环境较为敏感。相反，*Pichia sporocuriosa* 含量随着发酵的进行，其含量急剧增加，说明 *Pichia sporocuriosa* 对酒精或酿酒环境具有较好的适应性。但由于高通量 MiSeq 测序长度仅限于 400 bp 左右，加上分类参考数据库序列有限，导致比对出来的序列包含了 unclassified_k_Fungi、unclassified_o_Saccharomycetales，特别是在发酵的终点样本 F15 中，unclassified_k_Fungi、unclassified_o_Saccharomycetales 比例高达近 40%。这可能暗示刺梨上存在新的酵母菌物种，也可能是高通量测序技术本身受限造成的。因此，野生刺梨酵母菌的研究手段和研究内容还有待于进一步的深入。

此外，传统的分离纯化技术仅分离出五大类的酵母菌，与高通量测序法得到的结果之间还存在较大的差距。说明研究所采用的分离手段和技术难以满足刺梨野生酵母菌的生长需求，还应加以调整，从而尽可能多地获取野生刺梨酵母菌。

参考文献

[1] 张文霞，田亚楠，孙悦，等. 贺兰山东麓产区葡萄自然发酵液中酵母的多样性研究 [J]. 中国酿造，2020，39 (12)：30 – 35.

[2] 陈文婷. 刺葡萄本土酿酒酵母的筛选与利用研究 [D]. 长沙：湖南农业大学，2017.

[3] GRANGETEAU C，GERHARDS D，ROUSSEAUX S，et al. Diversity of yeast strains of the genus *Hanseniaspora* in the winery environment：What is their involvement in grape must fermentation? [J]. Food Microbiology，2015，50：70 – 77.

[4] BRYSCH – HERZBERG M，SEIDEL M. Yeast diversity on grapes in two German wine growing regions [J]. International Journal of Food Microbiology，2015，214：137 – 144.

[5] 王晓昌. 宁夏贺兰山东麓非酿酒酵母的分离鉴定与发酵特性研究 [D]. 银川：宁夏大学，2016.

[6] 刘晓柱，张远林，曾爽，等. 阳光玫瑰葡萄酵母菌多样性及酿造学特性分析 [J]. 食品研究与开发，2020，41 (24)：212 – 218.

[7] 张俊杰，尚益民，陈锦永，等. 河南不同地区赤霞珠葡萄表皮酵母菌多样性研究 [J]. 中国酿造，2019，38 (6)：79 – 82.

[8] 李海涛，刘艳环，苗利光，等. 东北山葡萄酿酒酵母的分离与鉴定 [J]. 特产研究，2019，41 (3)：27 – 30.

[9] 黄鹭强，原雪，沈阳坤，等. 枇杷果实表面酵母的分离与分子生物学鉴定 [J]. 福建师范大学学报（自然科学版），2016，32 (6)：77 – 82.

[10] 罗晓辉，朱心怡，陈晓青，等. 不同成熟期杨梅果实微生物的多样性 [J]. 浙江师范大学学报（自然科学版），2017，40 (1)：85 – 90.

[11] REUTER J A，SPACEK D V，SNYDER M P. High – throughput sequencing technolo-

gies [J]. Molecular Cell, 2015, 58 (4): 586 – 597.

[12] JO J, OH J, PARK C. Microbial community analysis using high – throughput sequencing technology: a beginner's guide for microbiologists [J]. Journal of Microbiology, 2020, 58 (3): 176 – 192.

[13] WANG C, WU C, QIU S. Yeast diversity investigation of *Vitis davidii* Föex during spontaneous fermentations using culture – dependent and high – throughput sequencing approaches [J]. Food Research International, 2019, 126: 108582.

[14] LI J, HU W Z, XU Y P. Diversity and dynamics of yeasts during Vidal Blanc Icewine fermentation: A strategy of the combination of culture – dependent and high – throughput sequencing approaches [J]. Front Microbiology, 2019, 10: 1588.

[15] 陈仪坤，杨倩，何睿. 我国刺梨产业发展存在的问题及对策研究 [J]. 中国市场，2021 (8): 49 – 50.

[16] 陈旭，李学琴. 刺梨营养特性及产品开发研究进展 [J]. 现代食品，2021 (3): 28 – 33.

[17] 张新宇，曾永清，张冠华，等. 刺梨功能性冲剂的研制 [J]. 现代食品，2021 (1): 93 – 97.

[18] 张珺，喻婷，许浩翔，等. 乳酸菌发酵刺梨 – 猴头菇饮料的工艺优化 [J]. 现代食品科技，2020，36 (11): 202 – 211, 195.

[19] 周岩. 酵母菌在发酵工业中的应用 [J]. 河南职技师院学报，1997 (3): 59 – 64.

[20] 范婷婷，王慕瑶，李俊，等. 酵母生物多样性开发及工业应用 [J]. 生物工程学报，2021，37 (3): 806 – 815.

[21] DELGADO – BAQUERIZO M, MAESTRE F T, REICH P B, et al. Microbial diversity drives multifunctionality in terrestrial ecosystems [J]. Nature Communications, 2016, 7: 10541.

[22] SANTINI L, BELMAKER J, COSTELLO M J, et al. Assessing the suitability of diversity metrics to detect biodiversity change [J]. Biological Conservation, 2017, 213: 341 – 350.

[23] LEI Y P, XIAO Y L, LI L F, et al. Impact of tillage practices on soil bacterial diversity and composition under the tobacco – rice rotation in China [J]. Journal of Microbiology, 2017, 55 (5): 349 – 356.

[24] ZENG S Z, HUANG Z J, HOU D W, et al. Composition, diversity and function of intestinal microbiota in pacific white shrimp (*Litopenaeus vannamei*) at different culture stages [J]. PeerJ., 2017, 5: e3986.

[25] ZHAO P, XIA W X, WANG J B, et al. Bacterial diversity of grapevine rhizosphere soil revealed by high – throughput sequence analysis from different vineyards in China [J]. Journal of Biobased Materials and Bioenergy, 2018, 12 (2): 194 – 202.

[26] SHAFFER J A, MUNSCH S, JUANES F. Functional diversity responses of a nearshore fish community to restoration driven by large – scale dam removal [J]. Estuarine, Coastal and Shelf Science, 2018, 213: 245 – 252.

[27] BIKOFF J B, GABITTO M I, RIVARD A F, et al. Spinal inhibitory interneuron diversity delineates variant motor microcircuits [J]. Cell, 2016, 165 (1): 207 – 219.

[28] 张俊杰，杨旭，焦健，等. 不同株系赤霞珠葡萄表皮酵母菌的多样性研究 [J]. 中国酿造，2017，36 (6): 126 – 131.

[29] LIMTONG S, KAEWWICHIAN R, JINDAMORAKOT S, et al. *Candida wangnamkhiaoensis* sp. nov., an anamorphic yeast species in the *Hyphopichia* clade isolated in Thailand [J]. Antonie van Leeuwenhoek, 2012, 102 (1): 23 – 28.

[30] RADLER F, PFEIFFER P, DENNERT M. Killer toxins in new isolates of the yeasts *Hanseniaspora uvarum* and *Pichia kluyveri* [J]. FEMS Microbiology Letters, 1985, 29 (3): 269 – 272.

[31] PÉTER G, TORNAI – LEHOCZKI J, DLAUCHY D, et al. *Pichia sporocuriosa* sp. nov., a new yeast isolated from rambutan [J]. Antonie van Leeuwenhoek, 2000, 77 (1): 37 – 42.

[32] SABEL A, MARTENS S, PETRI A, et al. *Wickerhamomyces anomalus* AS1: a new strain with potential to improve wine aroma [J]. Annals of Microbiology, 2014, 64 (2): 483 – 491.

[33] LÓPEZ M C, MATEO J J, MAICAS S. Screening of β – glucosidase and β – xylosidase activities in four non – *Saccharomyces* yeast isolates [J]. Journal of Food Science, 2015, 80 (8): C1696 – C1704.

[34] PADILLA B, ZULIAN L, FERRERES À, et al. Sequential inoculation of native non – *Saccharomyces* and *Saccharomyces cerevisiae* strains for wine making [J]. Frontiers in Microbiology, 2017, 8: 1293 – 1293.

第四章　不同海拔地区刺梨叶际酵母菌多样性研究

植物的茎、叶等地上部分为植物的营养器官，主要进行光合作用、呼吸作用、疏导作用、繁殖作用等，在植物的生命过程中发挥着重要的作用。植物地上部分是一个独特的生态系统，存在细菌、真菌、霉菌等多种微生物，被称为叶际（phyllosphere）[1]。叶际微生物（phyllosphere microorganisms）群落在植物营养物质的运输中起着重要作用，并通过与寄主植物的相互作用影响着寄主植物的生长和功能[2,3]。例如，一些致病菌或真菌可以使植物感染疾病，甚至杀死它们。有些叶际细菌分泌特殊的化学物质，如激素或营养物质，通过保护寄主免受病原侵染而使寄主植物受益[4]。但与根际等其他植物相关生境相比，对叶际微生物的研究相对偏少。

第一节　植物叶际微生物多样性研究概况

叶际这一概念由 Last 于 1955 年首次提出[5]。其后，Ruinen 定义叶际为："作为微生物生长环境的叶子外表面"[6]，叶际的概念逐渐被人接受。Lindow 等进一步阐释了叶际的概念，定义为："微生物定殖的植物地上部分"[7]，这一概念被普遍接受。与根际相比，植物的叶际环境较为复杂、恶劣，如营养不足、高温、紫外线等[8]，因此植物叶际微生物是经过多种严格筛选，经与植物交流而存在的各类微生物，包括细菌、真菌、古细菌、原生生物等，例如叶表面含 10^6 ~ 10^7 个细菌/cm^2[9]。

一、植物叶际微生物的分离

叶际微生物的分离与鉴定是研究叶际微生物的前提条件。对于不同的植物，其叶际微生物的分离方法具有一定的差异性。洗脱法是植物叶表皮微生物常用的分离方法，采用超声震荡或摇床振荡将微生物从叶表面洗脱下来[10]。而叶内微生物则采用匀浆法，首先对植物叶表面进行消毒，除去植物表面微生物，然后对植物组织进行匀浆破碎，释放其中微生物，接着稀释涂板分离微生物，或提取 DNA，高通量测序鉴定微生物种类[11]。

二、植物叶际微生物的鉴定

形态学鉴定是植物叶际微生物的传统鉴别方法，包括分析微生物细胞的显微形态特征、菌落形态特征[12-14]。但这类方法存在鉴定不准确的问题，且对研究人员的经验要求较高。随着分子生物学技术的不断发展，采用分子生物学鉴定方法已成为越来越多研究者的选择，如通过对微生物细胞的 ITS 序列、rDNA 序列进行测序和比对分析，可鉴别微生物的种类。多学科交叉融合技术也越来越多地被用于微生物的鉴定之中。如结合生物化学与分子生物学的末端限制性酶切片段长度多态性（Terminal restriction fragment length polymorphism，T-RFLP）技术、磷酸脂肪酸（Phospholipid fatty acid，PLFA）谱图分析技术、变性梯度凝胶电泳技术等。Lv 等利用 PLFA 谱图分析技术分析了外源添加不同浓度的细菌信号分子 N-(3-oxo-hexanoyl) homoserine lactone 对烟叶叶际细菌群落的影响，发现 1 mmol/L 的信号分子处理烟叶，可增加革兰氏阳性菌的比例，但用 10 mmol/L 的信号分子处理，则下调革兰氏阳性菌的比例[15]。Peñuelas 的研究表明，地中海森林优势树种冬青栎（Quercus ilex）叶际细菌和叶际真菌的物种丰富度与组成受当地气候变化的显著影响[16]。孙泓等研究发现，不同生境中桂花与夹竹桃的叶际细菌多样性之间无显著差异，生境、植物的种类以及它们之间的交互作用显著影响叶际细菌的群落组成[17]。

三、植物叶际微生物的多样性

研究发现，植物叶际微生物的传播途径包括空气、昆虫、动物、种子等。植物的残体也可传播叶际微生物[18,19]。此外，植物的根际微生物首先进入根部，再通过脉管系统进入植物地上部分，成为叶内微生物。植物叶面微生物与叶内微生物构成植物的叶际微生物，这些微生物大多来自周围的环境、植物间的“垂直遗传”[20]。

植物叶际微生物种类繁多，包括细菌、真菌、藻类、原生动物等[21]。其中，细菌的种类最多，数量最大，主要为假单胞菌属（*Pseudomonas*）、伊文氏杆菌属（*Erwinia*）等。酵母菌为植物叶际的主要栖息者，已发现的种类多达 40 余种，主要种属为隐球酵母属、红酵母属、掷孢酵母属等[22]。2020 年，我国学者从植物叶际和土壤中发现 107 个酵母菌新种，并将研究成果发表在国际真菌学杂志 *Studies in Mycology* 上，其中 46 个属于伞菌亚门，61 个属于锈菌亚门。刘利玲等从青杨叶片上鉴定出 35 个科、50 个属的叶际细菌，25 个科、44 个属的叶际真菌[23]。一直以来，植物叶际微生物的研究主要集中在叶际细菌方面。Jackson 等分析了广玉兰叶际细菌的群落在不同年份与季节间的变化，发现广玉兰叶际细菌主要菌群为 α－变形菌（Alphaproteobacteria）、放线菌门（Actinobacteria）、拟杆菌门（Bacteroidetes）以及酸杆菌门（Acidobacteria）[24]，其组成具有季节性变化的特点。

植物叶际微生物中的真菌主要为酵母菌、丝状真菌两大类[25]。酵母菌为主要的叶际真菌，数量为 $10 \sim 10^{10}$ cfu/g 叶片[26]。酵母菌在植物叶际生态系统中活跃度非常高，不同气候类型植物叶际中都发现了酵母菌的存在，主要为担子菌和子囊菌[27]。担子菌以隐球酵母属、红酵母属、掷孢酵母属为主，子囊菌有酿酒酵母、葡萄汁有孢汉逊酵母、汉逊德巴利酵母、美极梅奇酵母、膜璞毕赤酵母（*Pichia membranifaciens*）、*Kazachstania barnetii*

等[28-31]。Kachalkin 等研究了泥炭藓叶际酵母菌群落组成及季节变化，结果表明，泥炭藓叶际酵母菌的群落组成与维管植物叶际酵母菌的组成具有显著性差异。由于季节环境的变化，导致泥炭藓叶际红酵母属丰富度较低，其他种属酵母菌的丰富度也存在随时间变化的特性[30]。Glushakova 等对 25 种植物整个生长期内叶片、花上酵母菌数量进行了分析，发现叶表面酵母菌数量随着时间的变化而变化，在春季与夏季酵母菌的数量增加[31]。植物叶际丝状真菌种类较多，丰富性较高，包括炭疽菌属（*Colletotrichum*）、青霉属（*Penicillium*）、曲霉属（*Aspergillus*）、镰刀菌属（*Fusarium*）、枝顶孢属（*Acremonium*）、链格孢菌属（*Alternaria*）、毛霉属（*Mucor*）、枝孢菌属（*Cladosporium*）等，其中一些种属为植物致病菌[32]。Ahmed 等研究表明，橄榄叶片真菌多样性水平最高，成熟果实中炭疽菌属丰富度最高，同样作为病原真菌，其他种属如镰刀菌属、链格孢菌属的丰富度相对比较低，没有炭疽菌属丰富度高[33]。

四、宿主植物对叶际微生物的影响

Yadav 等分析了不同叶片特征对植物叶际细菌种群的影响，发现叶片腺毛的密度（包括分泌型与非分泌型两种）与叶表面细菌种群的大小呈现正相关特性，而叶片的厚度、叶肉的厚度以及叶背表皮的厚度与叶表面细菌种群的大小呈现负相关特性[34]。

植物在生长过程中会产生一些挥发性化合物，一些化合物可作为碳源，被叶际微生物生长利用，一些化合物则作为杀菌物质，抑制或杀死植物叶际微生物，影响植物叶际微生物组成与丰富度。Ruppel 等分析了不同植物中（菊苣、油菜、菠菜、芥菜）不同浓度的植物次生代谢物（葡萄糖苷、类胡萝卜素）对植物叶际细菌种群的影响[35]，结果发现，不同植物的次生代谢物的组成及浓度对植物叶际细菌的种群组成及种群大小具有显著性的影响。β－胡萝卜素的浓度与植物叶际细菌种群密度正相关，而 2－苯乙基－β－D－硫代葡萄糖苷浓度则与植物叶际细菌种群的密度负相关。

Hunter 等以莴苣（Lactuca）为研究对象，采用 T－RFLP 技术分析植物的形态学特性、化学特性及生理特性对叶际细菌群落结构的影响，发现植物的形态学特性影响 T－RFLP 结果，不同植物的形态，其叶际细菌群的结构组成不同[36]。Balint－Kurti 等比较了不同基因型玉米的叶际细菌种群多样性差异，发现玉米的 6 号染色体的数量性状基因座（QTL）控制着叶际微生物的多样性，进一步分析后发现这些 QTL 与控制玉米小斑病的抗性之间重叠性较高[37]。

五、叶际微生物对宿主植物的影响

植物叶际微生物对宿主植物具有益生作用与致病作用两方面的影响。一些叶际微生物通过植物的伤口、气孔等通道，入侵植物叶片内部组织，导致植物发病[32]。一些叶际微生物则可通过间接作用，使植物致病或对植物产生伤害，如冰核活性细菌可诱发植物细胞内水分形成冰核，进一步对植物细胞产生冻害作用[38]。

随着研究的不断深入，发现很多叶际微生物对植物具有益生作用，包括促进植物的生长、抑制病原菌的生长与繁殖、降解农药、引发气孔免疫等[39]。植物叶际存在多种固氮菌，如伊拉克固氮螺菌（*Azospirillum irakense*）、生脂固氮螺菌（*Azospirillum lipoferum*）、无乳固氮螺菌（*Azospirillum amazonense*）等，可通过固定大气中的氮气，促进植物的生长，从而达到增产的目的[40]。蜡状芽孢杆菌（*Bacillus cereus*）、肠杆菌（*Enterobacter radicincitans*）、粉红色兼性甲基营养细菌（Pink－pigmented facultative methylotrophic bacteria）等可产生促进植物生长的激素，如细胞激动素、生长素[41]。

叶际微生物可通过竞争营养物质、生存空间或产生具有抑菌或杀菌作用的次级代谢物来抑制植物病原菌的生长与繁殖，降低了病原菌对植物的损害。一些叶际假单胞菌通过分泌表面活性剂，增加叶片湿润度来获取养分，同时降低植物叶际病原菌孢子的表面张力，在膜内外压力的作用下破裂、死亡。蜡状芽孢杆菌分泌的SOD可提高植物的抗逆性，减缓病原菌或逆境对植物的伤害，延缓植物的衰老[42]。此外，一些叶际微生物还具有降解农药的功效，有利于维持叶际微生物群落的稳定性[43,44]。

第二节　不同海拔地区刺梨叶际酵母菌多样性分析

一、原理与方法

（一）刺梨叶片材料

新鲜的“贵农5号”刺梨的茎、叶，采自贵州盘州地区，其海拔高度分别为1550 m（LE_Y组）、1750 m（ME_Y组）、2050 m（HE_Y组）。

（二）引物

高通量测序所用引物由上海美吉生物科技有限公司合成、提供，引物序列如表4－1所示。

表4－1　刺梨叶际酵母菌高通量测序所用引物

引物名称	序列（5′—3′）	用途
ITS1F	GCATCGATGAAGAACGCAGC	扩增ITS区域，用于菌株高通量测序
ITS2R	TCCTCCGCTTATTGATATGC	

（三）高通量测序与生物信息学分析

按照试剂盒说明书提取刺梨叶际样本的基因组DNA，利用NanoDrop 2000超微量分光光度计进行DNA纯度与浓度检测，琼脂糖凝胶电泳进行DNA完整性检测。取适量的DNA模板，以ITS1F和ITS2R为引物进行PCR扩增，PCR产物经琼脂糖凝胶电泳检测后，进行回收和纯化。文库的构建与MiSeq测序由上海美吉生物科技有限公司完成。

MiSeq 测序得到的序列，在上海美吉生物科技有限公司的微生物多样性云分析平台（https：//www. i - sanger. com/）上进行数据的生物信息学分析。首先，根据刺梨叶际样本海拔高度的时间和方式，把测序数据的样本分为 3 组，分别为 LE_Y 组、ME_Y 组、HE_Y 组，每组 3 个样本，3 组共 9 个样本。其次，按照相似度为 97%，最小样本序列数按照样本序列抽平处理。根据云分析平台的操作步骤，进行物种组成分析、样本比较分析、物种差异分析和进化分析等。

二、结果与分析

（一）样本琼脂糖凝胶电泳鉴定

采用琼脂糖凝胶电泳对 3 个不同海拔、9 个刺梨叶际样本进行扩增，如图 4 - 1 所示，3 个不同海拔地区的刺梨叶际样本的 PCR 扩增条带完整，特异性好，因此，可满足后续上机测序要求。

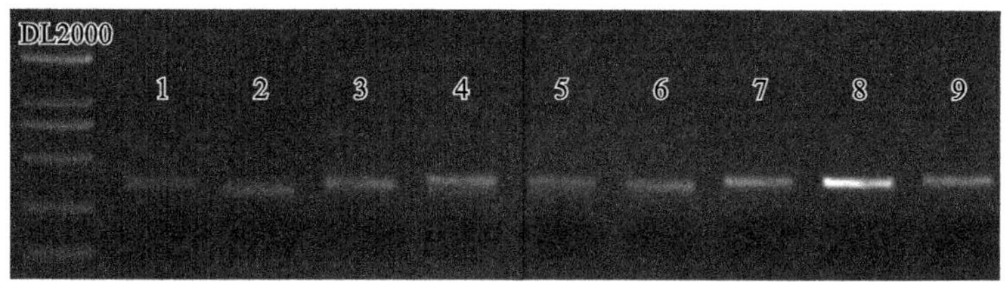

图 4 - 1　不同海拔高度刺梨叶际样本 PCR 扩增结果

（二）高通量测序数据分析

3 组共 9 个刺梨叶际样本经过 MiSeq 高通量测序共得到原始总碱基数为 377230658，经优化后有 626629 条序列，总碱基数为 144062365，序列平均长度为 229. 90 bp。

（三）Alpha 多样性分析

覆盖度（Coverage）用来评价样本中低丰富度的 OTUs 覆盖情况，其数值越大，说明样本中序列被测出来的概率也越高[45]。3 组的 Coverage 值均为 1.00，表明所有样本的测序结果覆盖低丰富度 OTUs 率均较高，测序的结果代表了样本中菌群的真实状况。

如表 4－2 所示，通过分析刺梨叶际样本物种多样性参数 Shannon 指数与 Simpson 指数发现，LE_Y 组的 Shannon 指数数值最小，Simpson 指数数值最大，表明 LE_Y 组中物种多样性最低。ME_Y 组的 Shannon 指数数值最大，表明 ME_Y 组中物种丰富度最高。因此，LE_Y 组与 HE_Y 组刺梨叶际微生物物种丰富度较低，ME_Y 组刺梨叶际微生物物种丰富度较高。随着海拔高度的不断增加，Shannon 指数先增加后降低，而 Simpson 指数先降低后增加，暗示物种多样性表现出先增加后降低的趋势。

表 4－2　不同海拔刺梨叶际样本物种多样性指数

组别	Shannon 指数	Simpson 指数	Ace 指数	Chao 指数	Coverage 值
LE_Y	3.12	0.19	885.05	858.44	1.00
ME_Y	3.65	0.09	834.93	827.22	1.00
HE_Y	3.55	0.06	164.71	144.37	1.00

进一步分析样本物质多样性参数 Ace 指数和 Chao 指数发现，LE_Y 组的 Ace 指数与 Chao 指数均最大，而 HE_Y 组的 Ace 指数与 Chao 指数均最小。该结果与 Shannon 指数、Simpson 指数的结果具有不一致性。

（四）物种组成分析

对于不同海拔刺梨叶际样本，在属水平上，LE_Y 组共鉴定出 309 个属，ME_Y 组鉴定出 295 个属，HE_Y 组共鉴定出 132 个属。LE_Y 组物种数最高，HE_Y 组物种数最低，随着海拔高度不断增加，刺梨叶际微生物在属水平上表现出逐渐降低的趋势（见图 4－2）。

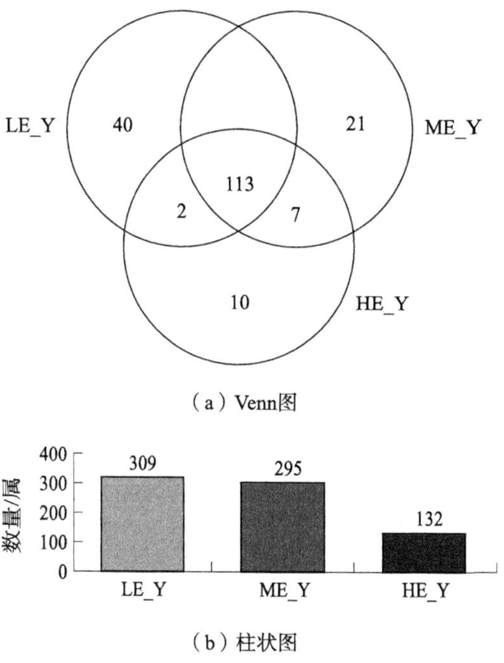

（a）Venn图

（b）柱状图

图 4－2　不同海拔刺梨叶际样本属水平物种分布

在种水平上，LE_Y 组共鉴定出 465 个种，ME_Y 组共鉴定出 450 个种，HE_Y 组共鉴定出 175 个种。LE_Y 组物种数最多，而 HE_Y 组物种数最少（见图 4－3）。因此，随着海拔高度不断增加，刺梨叶际微生物在种水平上表现出逐渐降低的趋势，该结果与属水平的结果较为一致。

高通量测序结果表明，刺梨叶际真菌包括子囊菌门、担子菌门和 unclassified_k_Fungi。子囊菌门为门水平优势菌，在 3 个海拔水平中占比均超过 80%。属水平上各样本物种组成，在 LE_Y 组中，枝孢属（*Cladosporium*）丰富度最高，占比为 40.36%，第二位是其他类，占比 12.75%，第三位是 *Strelitziana*，占比 6.69%。在 ME_Y 组中，枝孢属依然丰富度最高，占比 28.88%，但所占比例下降，第二位是其他类，占比 12.61%，第三位是 *Neoascochyta*，占比 8.60%。在 HE_Y 组中枝孢属仍然丰富度最高，占比 22.22%，第二位是其他类，占比 17.39%，第三位是亚隔孢壳属（*Didymella*），占比 9.82%。因此，枝孢属、其他类为属水平刺梨叶际优势真菌。枝孢属丰富度随着海拔升高表现出逐渐降低的特性，而其他类在高海拔（HE_Y

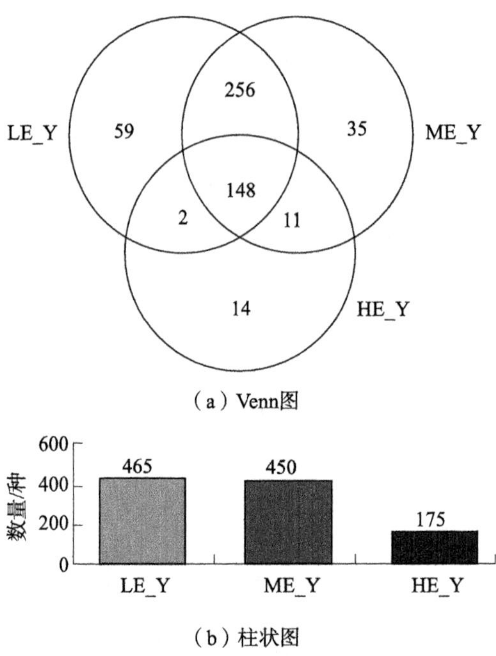

（a）Venn图

（b）柱状图

图4－3　不同海拔刺梨叶际样本种水平物种分布

组）刺梨叶际中丰富度增加，附球菌属（*Epicoccum*）、*Neoascochyta* 丰富度表现出先增加再降低的趋势，*Strelitziana* 表现出逐渐降低的特点。

种水平上各样本物种组成，在 LE_Y 组中，皱枝孢（*Cladosporium delicatulum*）丰富度最高，占比 40.32%，第二位是其他类，占比 16.96%，第三位是 unclassified_g_Cercospora，占比 10.27%。在 ME_Y 组中，皱枝孢依然丰富度最高，占比 26.20%，第二位是其他类，占比 17.09%，第三位是 *Neoascochyta* sp.，占比 8.59%。在 HE_Y 组中，其他类丰富度最高，占比 21.40%，第二位是皱枝孢，占比 17.80%，第三位是 *Didymella rosea*，占比 9.75%。皱枝孢、其他类为种水平刺梨叶际优势真菌。皱枝孢、unclassified_ g_Cercospora 随着海拔高度不断增加，丰富度逐渐降低，其他类则随着海拔高度不断增加，丰富度逐渐增加，*Didymella rosea* 丰富度表现出先降低后增加的特点，黑附球菌（*Epicoccum nigrum*）丰富度表现出先增加后降低的趋势，种水平的物种丰富度变化与属水平变化趋势一致。因此，不同海拔高度的刺梨种植土壤中物种多样性及丰富度具有差异性。

（五）样本比较分析

著者采用 NMDS 方法对不同海拔刺梨叶际样本微生物组成进行了分析，结果如图 4－4 所示，LE_Y 组、ME_Y 组和 ME_Y 组的样本较为分散，各自位于一个类群，因此，3 个样本物种组成相似性差，物种组成具有较大的差异。

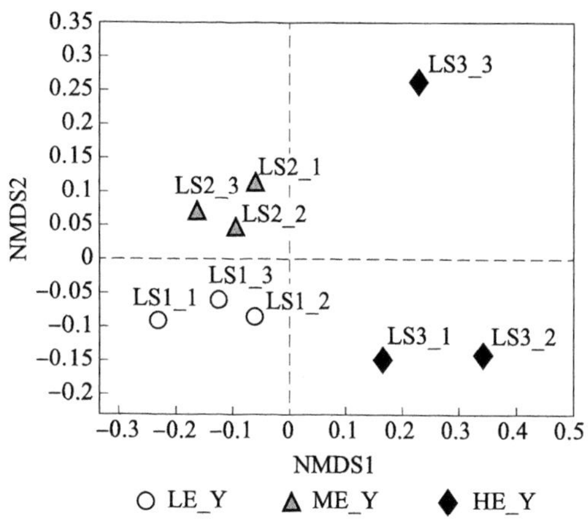

图 4－4　不同海拔刺梨叶际样本菌群组成分析

（六）物种差异分析

采用多个独立样本比较的秩和检验（Kruskal－Wallis H）方法分析不同海拔刺梨叶际样本中菌群的差异，结果如图 4－5 所示，刺梨叶际优势菌群皱枝孢在 3 组样本间具有显著差异；此外，3 组样本的 *Didymella rosea* 丰富度也具有差异性。

（七）进化分析

由于在刺梨叶际样本菌群中存在 unclassified_g_Fungi，因此，著者基于邻接法（Neighbor joining method）构建了物种系统进化树，分析其系统进化关系。进化分析表明，unclassified_g_Fungi 与 *Bullera alba*、*Papiliotrema flavescens* 亲缘关系较近（见图 4－6）。

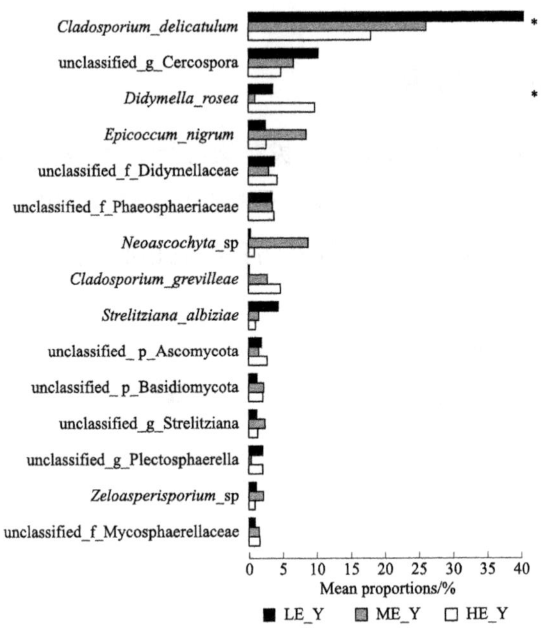

图 4-5 不同海拔刺梨叶际样本菌群差异性分析

注：* 指 $P \leq 0.05$。

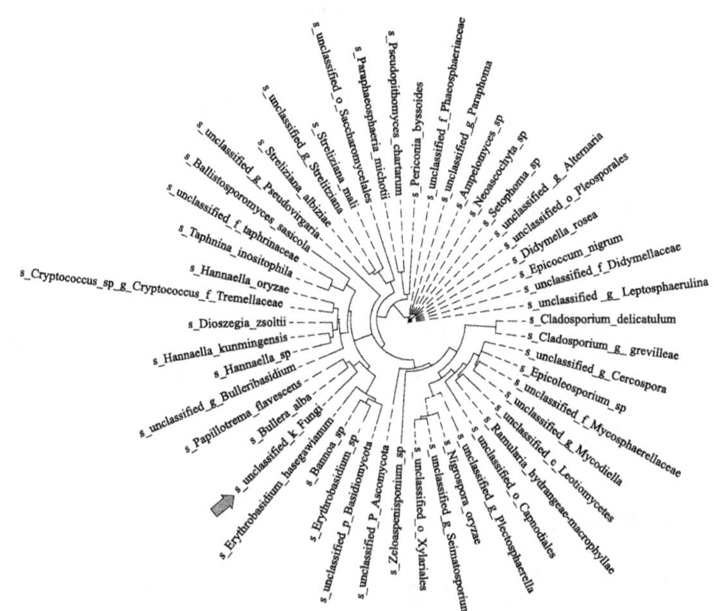

图 4-6 不同海拔刺梨叶际菌群种水平进化分析

注：此图为软件生成图，正体和斜体未作区分，本书仅作示意。

三、讨论

由于植物叶际环境较为恶劣，如营养限制、干燥、强紫外线照射以及极端温度等，大部分叶际微生物具有“有活性但不可培养”的特性。这使得高通量测序法在叶际微生物多样性研究中具有不可比拟的优势。本章采用高通量测序法对不同海拔地区的刺梨叶际样本真菌多样性进行了分析，研究发现，枝孢属、其他类为属水平上刺梨叶际优势真菌。徐慧等对云南烟草叶片内生及叶际真菌多样性进行了研究，发现链格孢属为烟草叶际优势属，表明，不同地区叶际微生物在种群、数量上均存在差异[45]。这与刺梨叶际优势菌群不同，可能与植物遗传背景差异有关。本章研究的结果显示，不同海拔高度的刺梨叶际微生物种群也具有差异性。此外，徐慧等采用纯培养法从烟草上仅鉴定出 23 个属的真菌，本章研究采用高通量测序法鉴定出的真菌种属数量远超过纯培养法，以种属最少的高海拔刺梨（HE_Y）为例，其叶际微生物为 132 个属。因此高通量测序法可鉴定出样本中绝大部分的物种。

植物叶际微生物主要为子囊菌与担子菌两大类群。本章研究的结果也表明，刺梨叶际微生物以子囊菌为主，担子菌次之。在刺梨叶际还发现了一些未被鉴定的真菌，如 unclassified_g_Fungi，这可能是由于高通量测序法本身造成的：①MiSeq 测序长度仅限于 400 bp 左右；②比对参考数据库序列有限；③刺梨叶际存在一些新的真菌物种。因此，其原因还有待于进一步分析。

参考文献

[1] LIU H, BRETTELL L E, SINGH B. Linking the phyllosphere microbiome to plant health [J]. Trends Plant science. 2020, 25 (9): 841 - 844.

[2] OROZCO - MOSQUEDA M D C, ROCHA - GRANADOS M D C, GLICK B R, et al. Microbiome engineering to improve biocontrol and plant growth - promoting mechanisms

[J]. Microbiol Research, 2018, 208: 25 - 31.

[3] LEVEAU J H. A brief from the leaf: latest research to inform our understanding of the phyllosphere microbiome [J]. Current Opinion Microbiology, 2019, 49: 41 - 49.

[4] BEILSMITH K, THOEN M P M, BRACHI B, et al. Genome - wide association studies on the phyllosphere microbiome: Embracing complexity in host - microbe interactions [J]. Plant Journal, 2019, 97 (1): 164 - 181.

[5] LAST F T. Seasonal incidence of *Sporobolomyces* on cereal leaves [J]. Transactions of the British Mycological Society, 1955, 38 (3): 221 - 239.

[6] RUINEN J. The phyllosphere [J]. Plant & Soil, 1965, 22 (2): 375 - 394.

[7] LINDOW S E, BRANDL M T. Microbiology of the phyllosphere [J]. Applied and Environmental Microbiology, 2003, 69 (4): 1875 - 1883.

[8] REMUS - EMSERMANN M N, TECON R, KOWALCHUK G A, et al. Variation in local carrying capacity and the individual fate of bacterial colonizers in the phyllosphere [J]. ISME Journal, 2012, 6 (4): 756 - 765.

[9] 杨宽，王慧玲，叶坤浩，等. 叶际微生物及与植物互作的研究进展 [J]. 云南农业大学学报（自然科学），2021，36 (1)：155 - 164.

[10] 刘利玲，李会琳，蒙振思，等. 青杨雌雄株叶际微生物群落多样性和结构的差异 [J]. 微生物学报，2020，60 (3)：556 - 569.

[11] 白飞荣，刘洋，曹艳花，等. 西沙野生诺尼叶片内生菌的分离与初步鉴定 [J]. 食品科学技术学报，2015，33 (1)：32 - 37.

[12] BERNSTEIN M E, CARROLL G C. Microbial populations on Douglas fir needle surfaces [J]. Microbial Ecology, 1977, 4 (1): 41 - 52.

[13] DICKINSON C H, AUSTIN B, GOODFELLOW M. Quantitative and qualitative studies of phylloplane bacteria from *Lolium perenne* [J]. Journal of General Microbiology, 1975, 91 (1): 157 - 166.

[14] JAGER E S, WEHNER F C, KORSTEN L. Microbial ecology of the mango phylloplane [J]. Microbial Ecology, 2001, 42 (2): 201 - 207.

[15] LV D, MA A, BAI Z, et al. Response of leaf - associated bacterial communities to primary acyl - homoserine lactone in the tobacco phyllosphere [J]. Research Microbiology, 2012, 163 (2): 119 - 124.

[16] PEÑUELAS J, RICO L, OGAYA R, et al. Summer season and long - term drought in-

crease the richness of bacteria and fungi in the foliar phyllosphere of Quercus ilex in a mixed Mediterranean forest [J]. Plant Biol (Stuttg), 2012, 14 (4): 565 -575.

[17] 孙泓，李慧，詹亚光，等. 不同生境中桂花和夹竹桃叶际细菌的群落结构 [J]. 应用生态学报，2018，29 (5)：1653 -1659.

[18] MAIGNIEN L, DEFORCE E A, CHAFEE M E, et al. Ecological succession and stochastic variation in the assembly of *Arabidopsis thaliana* phyllosphere communities [J]. MBIO, 2014, 5 (1): e00682 -13.

[19] WHIPPS J M, HAND P, PINK D, et al. Phyllosphere microbiology with special reference to diversity and plant genotype [J]. Journal of Applied Microbiology, 2008, 105 (6): 1744 -1755.

[20] BEATTIE G A, LINDOW S E. Bacterial colonization of leaves: a spectrum of strategies [J]. Phytopathology, 1999, 89 (5): 353 -359.

[21] 潘建刚，呼庆，齐鸿雁，等. 叶际微生物研究进展 [J]. 生态学报，2011，31 (2)：583 -592.

[22] 王洋，刘超，高静，刘志强，等. 叶际微生物诱发气孔免疫的机制及其应用前景 [J]. 植物学报，2013，48 (6)：658 -664.

[23] 刘利玲，李会琳，蒙振思，等. 青杨雌雄株叶际微生物群落多样性和结构的差异 [J]. 微生物学报，2020，60 (3)：556 -569.

[24] JACKSON C R, DENNEY W C. Annual and seasonal variation in the phyllosphere bacterial community associated with leaves of the Southern Magnolia (*Magnolia grandiflora*) [J]. Microbial Ecology, 2011, 61 (1): 113 -122.

[25] ANDREWS J H, HARRIS R F. The ecology and biogeography of microorganisms of plant surfaces [J]. Annual Review of Phytopathology, 2000, 38: 145 -180.

[26] WHIPPS J M, HAND P, PINK D, et al. Phyllosphere microbiology with special reference to diversity and plant genotype [J]. Journal of Applied Microbiology, 2008, 105 (6): 1744 -1755.

[27] GLUSHAKOVA A M, YURKOV A M, CHERNOV I Y. Massive isolation of anamorphous ascomycete yeasts *Candida oleophila* from plant phyllosphere [J]. Microbiology, 2007, 76 (6): 799 -803.

[28] SLÁVIKOVÁ E, VADKERTIOVÁ R, VRÁNOVÁ D. Yeasts colonizing the leaves of fruit trees [J]. Annals of Microbiology, 2009, 59 (3): 419 -424.

[29] LIMTONG S, KOOWADJANAKUL N. Yeasts fromphylloplane and their capability to produce indole－3－acetic acid [J]. World Journal of Microbiology and Biotechnology, 2012, 28 (12): 3323－3335.

[30] KACHALKIN A V, GLUSHAKOVA A M, IURKOV A M, et al. Characterization of yeast groupings in the phyllosphere of *Sphagnum mosses* [J]. Microbiology, 2008, 77 (4): 474－481.

[31] GLUSHAKOVA A M, CHERNOV I Y. Seasonal dynamics of the structure of epiphytic yeast communities [J]. Microbiology, 2010, 79 (6): 830－839.

[32] INÁCIO J, PEREIRA P, CARVALHO M. Estimation and diversity of phylloplane mycobiota on selected plants in a Mediterranean－type ecosystem in Portugal [J]. Microbial Ecology, 2002, 44 (4): 344－353.

[33] AHMED A, LID, OLGA C S, et al. Metabarcoding analysis of fungal diversity in the phyllosphere and carposphere of olive (*Olea europaea*) [J]. PLOS One, 2015, 10 (7): e0131069.

[34] YADAV R K P, KARAMANOLI K, VOKOU D. Bacterial colonization of the phyllosphere of Mediterranean perennial species as influenced by leaf structural and chemical features [J]. Microbial Ecology, 2005, 50 (2): 185－196.

[35] RUPPEL S, KRUMBEIN A, SCHREINER M. Composition of the phyllospheric microbial populations on vegetable plants with different glucosinolate and carotenoid compositions [J]. Microbial Ecology, 2008, 56 (2): 364－372.

[36] HUNTER P J, HAND P, PINK D, et al. Both leaf properties and microbe－microbe interactions influence within－species variation in bacterial population diversity and structure in the lettuce (*Lactuca species*) phyllosphere [J]. Applied and Environmental Microbiology, 2010, 76 (24): 8117－8125.

[37] BALINT－KURTI P, SIMMONS S J, BLUM J E, et al. Maize leaf epiphytic bacteria diversity patterns are genetically correlated with resistance to fungal pathogen infection [J]. Molecular Plant－Microbe Interactions, 2010, 23 (4): 473－484.

[38] 岳思君，王文举. 冰核活性细菌研究进展及其在防霜技术中的应用 [J]. 农业科学研究，2005，26 (2)：66－70.

[39] 宋维民，赵坤，杨帆，等. 固氮蓝藻和促生细菌 SM13 对水稻产量和品质的影响 [J]. 河南农业科学，2020，49 (10)：12－19.

[40] ROMERO F M, MARINA M, PIECKENSTAIN F L. Novel components of leaf bacterial communities of field grown tomato plants and their potential for plant growth promotion and biocontrol of tomato diseases [J]. Research in Microbiology, 2016, 167 (3): 222 - 233.

[41] 姜丹. 油菜叶际微生物多样性及其对敌敌畏的降解 [D]. 石家庄: 河北科技大学, 2009.

[42] 张庆, 冷怀琼, 朱继熹. 苹果叶面附生微生物区系及其有益菌的研究 [J]. 西南农业学报, 1999 (1): 97 - 100.

[43] 聂司宇, 孟昊, 王淑红. 微生物对有机磷农药残留的降解 [J]. 环境保护与循环经济, 2020, 40 (3): 44 - 49.

[44] 王晓洁, 王晓雅, 李晓宇, 等. 微生物抗菌、降解有机磷农药研究 [J]. 农业开发与装备, 2020 (6): 58 - 59.

[45] 徐慧, 杨根华, 张敏, 等. 云南烟草叶片内生及叶际细菌、真菌多样性研究 [J]. 云南农业大学学报 (自然科学), 2014, 29 (2): 149 - 154.

第五章　不同海拔地区刺梨根际酵母菌多样性研究

根（root）是植物在陆上长期生活过程中进化形成的营养器官，通常位于地下，吸收土壤中的水分与矿物质，为植物地上部分提供所需要的营养物质[1]。此外，植物的根还具有支撑植物体、促进植物繁殖以及贮存营养等功能。植物的根由植物胚中的胚根发育而来，包括主根和侧根两种类型，分为根尖结构、初生结构以及次生结构三部分[2]。植物根的周围存在大量的微生物，被称为根际微生物[3]。根际微生物与植物之间存在相互作用，对植物的生命活动具有重要的影响[4]。

第一节　植物根际微生物多样性研究概况

1904 年，德国微生物学家 Lorenz Hiltner 首次提出了根际（rhizosphere）的概念，用来描述受植物根系影响的狭窄的土壤带[5]。有学者将根际定义为距离根际 0.5～4 mm 的土壤区域[6]。由于受植物根系的影响，根际土壤的理化性质、生物特性与非根际土壤之间存在较大差异。作为连接土壤与植物之间的媒介，根际存在大量的、种类较多的微生物，既有对植物生长有益的微生物，也有对植物有害的微生物[7]。植物根际微生物的种群组成及丰富度受到植物不同生长时期、植物生理状态的影响[8]，植物根际微生物对植物的生长发育具有重要的调节作用[9]。因此，研究植物根际微生物与植物之间的相互作用，对于全球生态系统、农业种植等都具有重要的意义。

一、植物根际微生物的研究方法

传统的平板分离、培养、鉴定法是微生物学中研究微生物的种类、生理特性及功能的前提条件，也是常用的方法[10]。但由于某些微生物在形态结构上较为相似，一些微生物还未建立纯培养法，这些纯培养法的局限性，使得现代分子生物学技术越来越广泛地被用于微生物方面的研究，如根际微生物多样性研究[11]。T - RFLP 技术、PLFA 谱图分析技术、DGGE 技术、高通量测序技术、宏基因组学技术、转录组学技术等被广泛应用于根际微生物的研究之中[12]，加深了对根际微生物多样性的了解，根际微生物群落的“黑箱”被更深入、更全面地认识。

二、植物根际微生物的多样性

植物根际微生物种类较多，包括细菌、古生菌、真菌等。汪娅婷等利用高通量测序技术对云南不同海拔高度、不同玉米品种的根际微生物多样性进行了检测分析，发现变形菌门（Proteobacteria）、放线菌门、拟杆菌门、鞘氨醇单胞菌属、芽孢杆菌属细菌为玉米根际优势细菌菌群[13]。子囊菌门、接合菌门、担子菌门、被孢霉属（*Mortierella*）、青霉菌属、镰孢霉属（*Fusarium*）为玉米根际优势真菌菌群。芽单胞菌属细菌特异性存在于高海拔地区玉米根际，水恒杆菌属细菌为鲜食玉米根际优势菌群。此外，随着海拔高度的增加，玉米根际细菌、真菌的 OTUs 值、Chao 指数增加。徐瑞富等分析了不同土壤类型、不同生长发育期对小麦根际微生物数量的影响，发现土壤中有机质的含量与根际真菌、细菌的数量显著相关，而对放线菌的影响不显著。随着小麦生长发育期的不断推进（从拔节期到灌浆期），根际细菌、真菌的数量逐渐增加，且在灌浆期达到最大值。随着小麦成熟度的不断增加，根际细菌、真菌的数量逐渐降低[14]。Jin 等研究表明，放线菌门为陕西杨凌地区谷物根际微生物优势菌，而变形菌门细菌为河北张家口地区谷物根际微生物优势菌[15]。Kwak 等研究发现抗枯萎病番茄品种在生长期、开花期根际微生物中的厚壁菌门（Firmicutes）、拟杆菌门、变形菌门、酸杆菌门的丰富度较高[16]。

云南涛源地区是我国水稻超高产地区，潘丽媛等利用平板菌落计数法、BIOLOG 碳素利用法分析了该地区根际微生物特性，发现研究组（高产水稻）根际可培养微生物总数较高，为对照组（非高产水稻）的两倍，其中细菌数最高，放线菌和真菌次之。研究组土壤中 Shannon 指数显著高于对照组、土壤中菌体代谢活性强于对照组，且研究组土壤中的菌落分布更加均匀，多样性更高，数量更多，特别是水稻分蘖间。根际微生物的种类和数量多、代谢能力强可能是水稻生长旺盛与高产的关键因素[17]。

三、植物对根际微生物的影响

植物根系是根际微生物营养主要来源，影响着根际微生物的种群组成与数量。因此，植物在不同生长时期、不同生理状态下，根际微生物的种类和数量均不相同。朱澳云等采用纯培养法、高通量测序技术对校园环境中紫楠、石楠、夹竹桃、枫杨、樱花、银杏 6 种观赏植物根际微生物种群结构、数量及代谢功能多样性进行了分析，从上述 6 种植物根际分离出包括放线菌（38 株）、细菌（27 株）以及真菌（21 株）在内的共计 86 株微生物。变形菌门、酸杆菌门、放线菌门为主要的优势菌，枫杨、石楠根际微生物组成较为相似，且奇古菌门（Thaumarchaeota）为二者根际特有微生物，樱花根际微生物群落结构与其他植物根际微生物群落结构之间差异比较大[18]。范雅倩等研究表明，胡桃楸阔叶林根际细菌与真菌特有的 OUTs 值、Alpha 多样性最高，针阔叶混交林、灌丛根际细菌、真菌 OUTs 值最低，蒙古栎阔叶林根际细菌与真菌 Alpha 多样性最低。变形菌门、酸杆菌门、放线菌门为主要的优势细菌，担子菌门、子囊菌门为主要的真菌，土壤的理化性质如 pH、温度、含水量均影响根际细菌与真菌的多样性及丰富度[19]。陈嘉慧等分析了银杏不同生长期根系微生物群落功能多样性变化特征，研究结果表明，银杏根系微生物平均颜色变化率表现出随年龄增长而增高的趋势，胺类、酸类、酯类、氨基酸类为主要的碳源，不同的生长期（幼年期、挂果期、盛果期）根系微生物群落代谢、碳源利用性能不同[20]。李怡等分析了黄秆乌哺鸡竹林地根际与非根际土壤微生物群落组成差异，发现 *Verruconis*、*Chaetosphaeria* 为竹林土壤特有菌属，根际土壤细菌的丰富度与群落多样性高于非根际土壤，根际土壤真菌的多样性也高于非根际土壤，但物种丰富度却低于非根际土壤。根际土壤与非根际土壤细菌群落构成在门、纲水平上均不显著，而在目、科、属、种水平上均有显著差异。曲霉菌属、青霉菌属丰富度在根际土壤中高于非根际土壤[21]。赵辉等研究发现，种植年限对菜地土壤微生物群落结构影响显著，不同种植年限（3 年、5 年、7 年）土壤微生物群落结构差异较大。种植 3 年土壤平均颜色变化率、Simpson 指数、Shannon 指数、均匀度指数均高于其他种植年限土壤，种植 3 年土壤微生物对各类碳源利用能力最强，土壤的 pH、全氮含量、有机碳含量、碳氮比是影响土壤微生物群落结构与代谢的主要因素。因此，设施蔬菜种植 3 年后，土壤微生态逐渐失衡，不再有利于设施菜地土壤的高效利用[22]。宋贤冲等利用 Biolog – Eco 平板方法，研究了广西猫儿山地区常绿阔叶林根际微生物群落多样性随季节变化规律，发现该地区夏季根际微生物群落平均颜色变化率最大，秋季与春季次之，冬季最低。碳源的利用强度与微生物群落平均颜色变化率趋势一致，Shannon 指数在不同季节间差异显著，Simpson 指数在秋季最高，夏季最低。相关性分析进一步表明，土壤理化性质（有机质、全磷、速效磷、全钾等）与微生物群落多样性之间密切相关[23]。陈文军等分析了厚荚相思、巨尾桉根际微生物种群类别及数量，结果表明，两种植物根际微生物的总量、细菌、固氮菌、真菌表现出根际正效应，而放线菌则表现出根际负效应[24]。王天龙的研究证实了灌木柠条、半灌木油蒿、沙柳、杨柴根际微生物种类最多的是细菌，其次是放线菌，最少的是真菌[25]。马晓梅等研究发现，胡杨与柽柳的根际微生物包括真菌、细菌与放线菌，其数量与结构均不相同，具有显著差异。胡杨根际微生物总量、细菌、真菌以及放线菌数量均高于柽柳[26]。

四、根际微生物对植物的影响

根际微生物包括有益微生物与有害微生物，因而对植物的影响也包括益生作用与有害作用两个方面。植物根际有益微生物被称为植物根际促生菌（plant growth - promoting rhizobacteria，PGPR）。PGPR 可通过合成某些促进植物生长发育的化合物[27]，如生长素，或者改变土壤的理化性质，来促进植物对营养的吸收，有利于植物的生长发育。Chabot 等研究表明，随着土壤肥力的不断增加，土壤根瘤菌对磷的吸收能力也逐渐增强，从而促进生菜、玉米等作物的生长[28]。另外，植物根际微生物还可抑制或者减轻植物的一些病害、逆境等对植物造成的不利影响，从而影响植物的生长发育与产量[29]。陈佛保等从污染土壤中筛选出一株对 Cd^{2+}、Zn^{2+}、Cu^{2+}、Pb^{2+} 均具有耐受性的菌株 DBM，该菌株具有产吲哚乙酸与 ACC 脱氨酶性能。菌株 DBM 可在重金属 Zn 胁迫时（600 mg/kg）较好地保护水稻，并促进水稻生长[30]。Latef 等研究丛枝菌根真菌对低温胁迫下番茄的生长、渗透调节、光合色素等方面的影响，发现丛枝菌根真菌可降低膜脂的过氧化作用，增加光合色素的积累、渗透调节、化合物的积累以及抗氧化酶的活性等，多种途径减少低温胁迫对番茄造成植株的损伤，保证植株的正常生长[31]。

植物的根际也存在一些有害微生物，它们通过限制植物根系的生长，或者改变根系的功能，影响植物对水分和营养的吸收利用，进而对植物的生长发育产生显著负影响[32,33]。大豆疫霉菌（*Phytophthora sojae*）、腐霉菌（*Pythium*）、镰刀菌属可诱发大豆的根腐病，降低大豆根系活力，抑制根系对水分和营养的吸收，造成产量的降低[34]。立枯丝核菌（*Rhizoctonia solani*）、禾谷丝核菌（*Rhizoctonia Cerealis*）可诱发小麦的纹枯病[35]。半知菌亚门的灰梨孢（*Pyricularia grisea*）可诱发水稻的稻瘟病[36]。根际有害微生物影响植物的生长发育，对于农作物而言，可造成产量的降低。因此，采取有效措施，降低根际有害微生物的多样性和活性，对农业生产具有重要的意义。

第二节　不同海拔地区刺梨根际酵母菌多样性分析

一、原理与方法

（一）土壤材料

“贵农5号”刺梨根际土壤，采自贵州盘州地区，其海拔高度分别为1550 m（B1组）、1650 m（B2组）、1750 m（B3组）、1850 m（B4组）、2050 m（B5组）。

（二）引物

高通量测序所用引物由上海美吉生物科技有限公司合成、提供，引物序列如表5-1所示。

表5-1　酵母菌高通量测序所用引物

引物名称	序列（5′—3′）	用途
ITS1F	GCATCGATGAAGAACGCAGC	扩增ITS区域，用于菌株高通量测序
ITS2R	TCCTCCGCTTATTGATATGC	

（三）高通量测序与生物信息学分析

按照试剂盒说明书提取刺梨根际土壤基因组DNA，利用NanoDrop 2000超微量分光光度计进行DNA纯度与浓度检测，琼脂糖凝胶电泳进行DNA完整性检测。取适量的DNA模板，以ITS1F和ITS2R为引物进行PCR扩增，PCR产物经琼脂糖凝胶电泳检测后，进行回收和纯化。文库的构建与MiSeq测序由上海美吉生物科技有限公司完成。

MiSeq测序得到的序列，在上海美吉生物科技有限公司的微生物多样性云分析平台（https：//www. i - sanger. com/）上进行生物信息学分析。

首先，根据刺梨根际土壤样本海拔高度的时间和方式，把测序数据的样本分为5组，分别为B1组、B2组、B3组、B4组和B5组，每组平行3个样本。其次，按照相似度为97%，最小样本序列数按照样本序列抽平处理。根据云分析平台的操作步骤，进行物种组成分析、样本比较分析、物种差异分析和进化分析等。

二、结果与分析

（一）样本琼脂糖凝胶电泳鉴定

采用琼脂糖凝胶电泳对15个土壤样本进行扩增，如图5－1所示，5个不同海拔、15个刺梨根际土壤样本的PCR扩增条带完整，特异性好，因此，可满足后续上机测序要求。

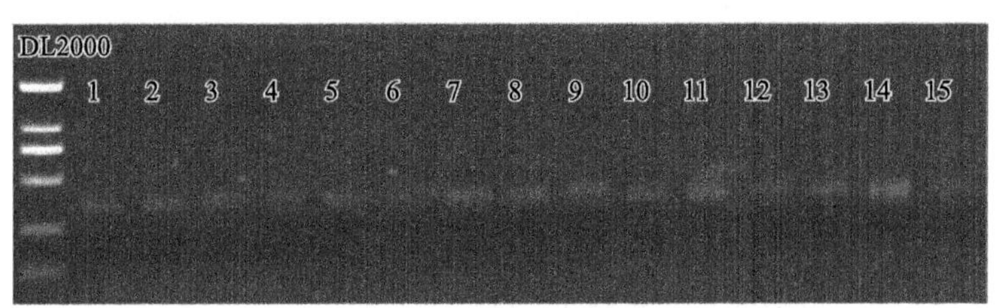

图5－1　不同海拔高度刺梨根际土壤样本PCR扩增结果

（二）高通量测序数据分析

5组共15个刺梨根际土壤样本经过MiSeq高通量测序共得到原始碱基数为652263990，经优化后有1083495条序列，总碱基数为245998085，序列平均长度为227.04 bp。

（三）Alpha多样性分析

覆盖度（Coverage）可用来评价样本中低丰富度的OTUs覆盖情况，其数值越大，说明样本中序列被测出来的概率也越高。5组土壤样本的

Coverage 值均为 1，表明所有样本的测序结果覆盖低丰富度 OTUs 率均较高，测序的结果代表了样本中酵母菌的真实状况。

如表 5－2 所示，通过分析样本物种多样性参数 Shannon 指数与 Simpson 指数发现，B4 组的 Shannon 指数数值最大，Simpson 指数数值最小，表明 B4 组中物种多样性最高。B5 组的 Shannon 指数数值最小，Simpson 指数数值最大，表明 B5 组中物种多样性最低。此外，随着海拔高度的不断增加，Shannon 指数先降低后增加，而 Simpson 指数先增加后降低，暗示物种多样性表现出先增加后降低的趋势。

表 5－2 不同海拔高度刺梨根际土壤样本酵母菌多样性指数

组别	Shannon 指数	Simpson 指数	Ace 指数	Chao 指数	Coverage 值
B1	4.03	0.07	1023.85	1009.64	1.00
B2	3.73	0.08	1035.67	1024.10	1.00
B3	3.86	0.09	1024.01	1026.74	1.00
B4	4.30	0.05	1196.79	1195.85	1.00
B5	3.67	0.10	956.92	945.83	1.00

进一步分析样本物质多样性参数 Ace 指数和 Chao 指数发现，B4 组的 Ace 指数与 Chao 指数均最大，而 B5 组的 Ace 指数与 Chao 指数均最小。该结果与 Shannon 指数、Simpson 指数的结果较为一致。

（四）物种组成分析

对于不同海拔刺梨根际土壤样本，B1 组共鉴定出 375 个属，B2 组鉴定出 391 个属，B3 组共鉴定出 366 个属，B4 组共鉴定出 409 个属，B5 组则鉴定出 386 个属。其中 B4 组物种数最高，B5 组物种数最低，随着海拔高度不断增加，刺梨根际微生物在属水平上表现出先增加后降低的趋势（见图 5－2）。

在种水平上，B1 组共鉴定出 551 个种，B2 组共鉴定出 560 个种，B3 组共鉴定出 547 个种，B4 组共鉴定出 609 个种，B5 组共鉴定出 549 个种，

B4 组物种数最多，而 B5 组物种数最少（见图 5－3）。该结果与属水平的结果较为一致。

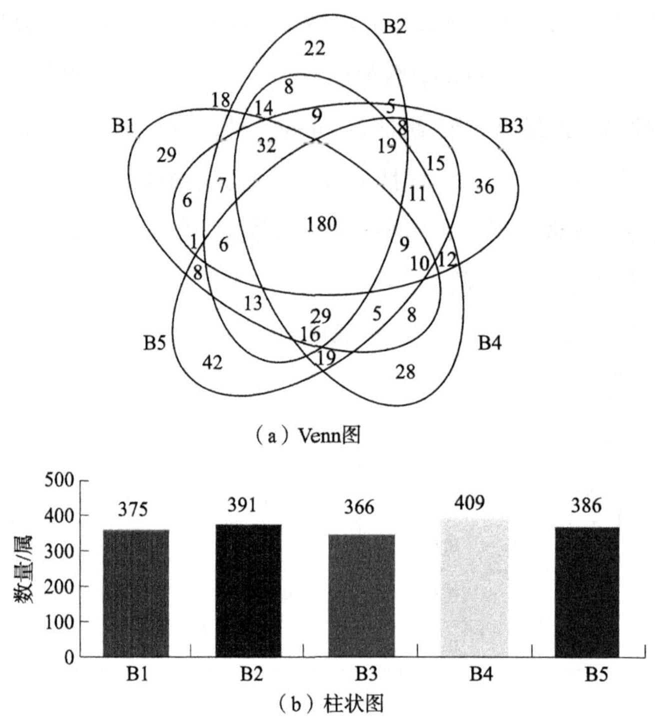

（a）Venn图

（b）柱状图

图 5－2　不同海拔刺梨根际土壤样本酵母菌群属水平物种分布

属水平上各样本物种组成绝大多数为细菌类。在 B1 组中，镰胞菌属丰富度最高，占比 21.66%，第二位是其他类，占比 20.02%，第三位是 *Saitozyma*，占比 9.90%。在 B2 组中，*Saitozyma* 丰富度最高，占比增加为 20.71%，其他类下降为 15.60%，被孢霉属增加，占比 15.45%，与其他类较为接近。在 B3 组中 *Clavaria* 丰富度最高，占比 20.52%，第二位是 unclassified_p_ Ascomycota，占比 19.21%，其他类则继续下降，占比 14.52%。B4 组中其他类丰富度最高，占比 19.78%，第二位是 *Saitozyma*，占比 9.76%，第三位是镰胞菌属，占比 9.33%。B5 组中 *Saitozyma* 丰富度最高，占比 24.82%，第二位是被孢霉属，占比 23.35%，第三位是其他类，占比 14.75%。*Saitozyma* 表现出先增加后降低、再增加的趋势，unclassified_p_Ascomycota 表现出先增加后降低的趋势，其他类表现出先降

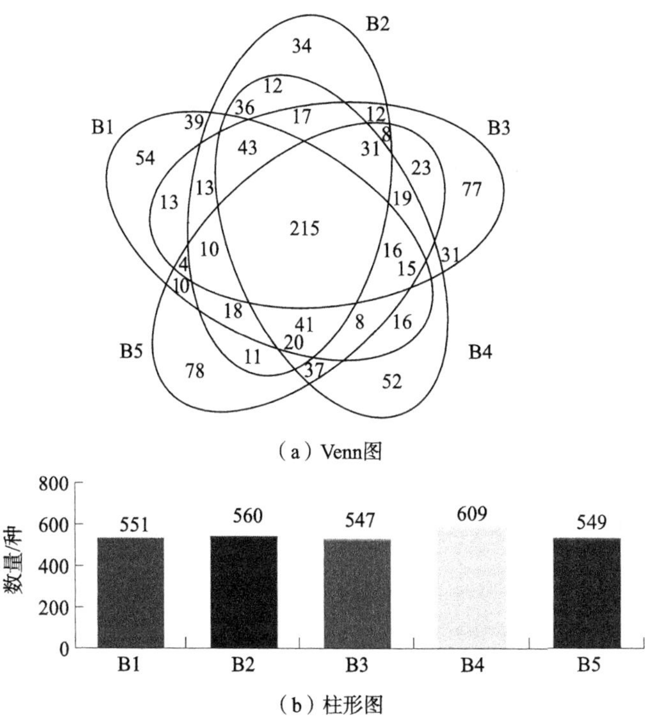

图 5－3　不同海拔刺梨根际土壤酵母菌群种水平物种分布

低后增加、再降低的趋势。

种水平上各样本物种组成，在 B1 组中，其他类丰富度最高，占比 24.20%，第二位是 unclassified_g_Fusarium，占比 21.63%，第三位是 *Saitozyma* sp.。在 B2 组中，其他类依然丰富度最高，占比 21.16%，第二位是 *Saitozyma* sp.，占比 20.70%，第三位是 unclassified_g_Fusarium，占比 11.20%。在 B3 组中，丰富度最高的依然是其他类，占比 19.76%，第二位是 unclassified_g_Clavaria，占比 19.75%，第三位是 unclassified_p_Ascomycota，占比 19.21%。在 B4 组中，其他类依然丰富度最高，占比 25.31%，第二位是 *Saitozyma* sp.，占比 9.76%，第三位是 unclassified_g_Fusarium，占比 9.32%。B5 组中 *Saitozyma* sp. 为丰富度最高的物种，占比 24.82%，第二位是长孢被孢霉（*Mortierella elongate*），占比 18.44%；第三位是其他类，占比 17.76%。*Saitozyma* sp. 表现出先增加后降低、再增加的趋势；其他类物种表现为先降低后增加、再降低的趋势。长孢被孢霉表现出先增加后降低、再增加的趋势。与属水平上的变化趋势一致。因而不同海拔高度的刺梨根际土壤中物种多样性与丰富度具有差异性。

（五）样本比较分析

著者采用 NMDS 方法对刺梨根际土壤样本中微生物组成进行了分析，结果如图 5－4 所示，B1、B2、B3、B4、B5 共 5 组 15 个样本的微生物组成较为分散，各自位于一个类群，因而 5 个组的物种组成相似性差，物种组成具有较大的差异。

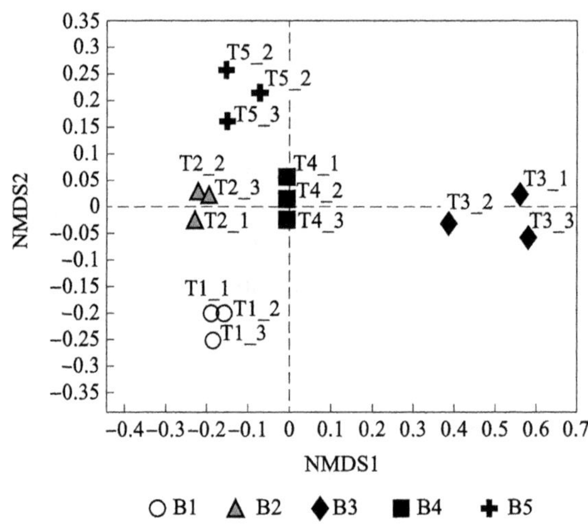

图 5－4　不同海拔刺梨根际土壤样本菌群组成特点

（六）物种差异分析

著者采用 Kruskal－Wallis H 方法分析了不同海拔刺梨根际土壤样本中菌群差异，结果如图 5－5 所示，5 组样本间在 *Saitozyma* sp.、unclassified_g_Fusarium、长孢被孢霉、unclassified_p_Ascomycota、unclassified_g_Clavaria、unclassified_g_Fungi、*Truncatella angustata*、*Exophiala equina*、*Gonytrichum macrocladum* var. terricola、*Neocosmospora rubicola*、*Solicoccozyma terricola* 物种组成方面具有显著差异，而在 *Claviceps panicoidearum* 物种组成方

面具有极显著差异。

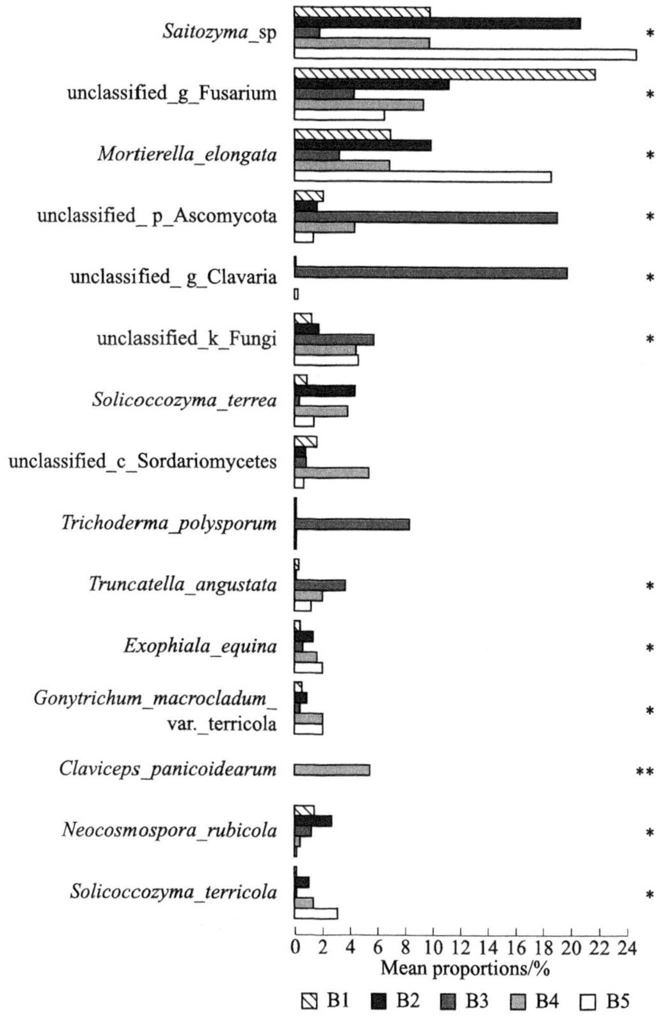

图 5－5　不同海拔刺梨根际土壤样本菌群差异性分析

注：* 指 $P \leqslant 0.05$，** 指 $P \leqslant 0.01$。

（七）进化分析

由于在刺梨根际土壤中存在 unclassified_g_Fungi。因此，基于邻接法构建了物种系统进化树，分析其系统进化关系。进化分析表明，发现

unclassified_g_Fungi 与 *Lepiota* sp. 亲缘关系较近（见图 5 - 6）。

图 5 - 6　刺梨根际土壤菌群种水平进化分析

注：此图为软件生成图，正体和斜体未作区分，本书仅作示意。

三、讨论

土壤根际微生物受多种因素影响，如土壤耕种措施、土壤类型、季节等。刘宇等采用形态学与分子生物学方法对不同海拔下海南凤仙花可培养根际真菌群落的季节性变化进行了分析，发现不同海拔梯度真菌数量与丰富度在干季明显高于湿季。木霉属、青霉属、曲霉属、篮状菌属等为根际真菌优势种[37]。本章研究也发现不同海拔下刺梨根际微生物种属具有差异性，包括 *Saitozyma* sp.、unclassified_g_Fusarium、长孢被孢霉、unclassified_p_Ascomycota、unclassified_g_Clavaria、unclassified_g_Fungi、*Truncatella angustata*、*Exophiala equina*、*Gonytrichum macrocladum* var. terricola、*Neocosmospora rubicola*、*Solicoccozyma terricola* 具有显著性差异，*Claviceps panicoidearum* 具有极显著性差异。

张二豪等采用高通量测序技术对西藏芒康和林芝两个地区葡萄表皮及根际土壤样品进行真菌群落多样性分析，结果表明，不同葡萄品种根际土壤真菌多样性不同，芒康地区葡萄的根际土壤真菌多样性最高，林芝地区葡萄的根际真菌多样性最低。镰胞菌属、被孢霉属为西藏芒康和林芝两个地区葡萄根际优势真菌[38]。本章研究也发现，镰胞菌属、被孢霉属为 B1 组、B4 组、B5 组中的优势菌属，与西藏地区葡萄根际真菌具有相似性。

研究表明，植物根际一些真菌通过促进植物对营养的吸收，减轻逆境对植物的伤害等，对植物具有益生作用[28,29]。本章研究表明，不同海拔下的刺梨根际真菌组成具有差异性，由此推断，其对刺梨生长发育可能具有不同的影响，还有待于进一步的研究。

参考文献

[1] SHIBATA M, SUGIMOTO K. A gene regulatory network for root hair development [J]. Journal of Plant Research, 2019, 132 (3): 301 -309.

[2] DUPUY L X, MIMAULT M, PATKO D, et al. Micromechanics of root development in soil [J]. Current Opinion in Genetics and Development, 2018, 51: 18 -25.

[3] CHENG Y T, ZHANG L, HE S Y. Plant - microbe interactions facing environmental challenge [J]. Cell Host Microbe, 2019, 14 (2): 183 -192.

[4] ZHANG R, VIVANCO J M, SHEN Q. The unseen rhizosphere root - soil - microbe interactions for crop production [J]. Current Opinion in Microbiology, 2017, 37: 8 -14.

[5] HILTNER L. Überneuere erfahrungen und probleme auf dem gebiete der bodenbakteriologie unter besonderer berücksichtigung der gründüngung und brache [J]. Arbeiten der

Deutschen Landwirtschaftlichen Gesellschaft, 1904, 98: 59 -78.

[6] SASSE J, KOSINA S M, DE RAAD M, et al. Root morphology and exudate availability are shaped by particle size and chemistry in *Brachypodium distachyon* [J]. Plant Direct, 2020, 4 (7): e00207.

[7] OLANREWAJU O S, AYANGBENRO A S, GLICK B R, et al. Plant health: feedback effect of root exudates - rhizobiome interactions [J]. Applied Microbiology and Biotechnology, 2019, 103 (3): 1155 -1166.

[8] FENG J, SHENTU J, ZHU Y, et al. Crop - dependent root - microbe - soil interactions induce contrasting natural attenuation of organochlorine lindane in soils [J]. Environment Pollution, 2020, 257: 113580.

[9] WILLE L, MESSMER M M, STUDER B, et al. Insights to plant - microbe interactions provide opportunities to improve resistance breeding against root diseases in grain legumes [J]. Plant Cell Environment, 2019, 42 (1): 20 -40.

[10] HUSSAIN F. 基于纯培养和免培养技术研究不同来源沙漠样品原核微生物多样性 [D]. 昆明: 云南大学, 2017.

[11] 周恩民, 李文均. 未培养微生物研究: 方法、机遇与挑战 [J]. 微生物学报, 2018, 58 (4): 706 -723.

[12] 唐治喜, 高菊生, 宋阿琳, 等. 用宏基因组学方法研究绿肥对水稻根际微生物磷循环功能基因的影响 [J]. 植物营养与肥料学报, 2020, 26 (9): 1578 -1590.

[13] 汪娅婷, 付丽娜, 姬广海, 等. 基于高通量测序技术研究云南玉米根际微生物群落多样性 [J]. 江西农业大学学报, 2019, 41 (3): 491 -500.

[14] 徐瑞富, 陆宁海, 杨蕊, 等. 土壤类型及生育时期对小麦根际土壤微生物数量的影响 [J]. 河南农业科学, 2013, 42 (12): 75 -78.

[15] JIN T, WANG Y, HUANG Y Y, et al. Taxonomic structure and functional association of foxtail millet root microbiome [J]. Gigascience, 2017, 6 (10): 1 -12.

[16] KWAK M J, KONG H G, CHOI K, et al. Rhizosphere microbiome structure alters to enable wilt resistance in tomato [J]. Nature Biotechnology, 2018, 36 (11): 1100 -1117.

[17] 潘丽媛, 肖炜, 董艳, 等. 超高产生态区水稻根际微生物物种及功能多样性研究 [J]. 农业资源与环境学报, 2016, 33 (6): 583 -590.

[18] 朱澳云, 朱骥文, 祁洪刚, 等. 六种观赏植物根际土壤微生物菌群结构分析

[J]. 湖南生态科学学报，2021，8（1）：14－22.

[19] 范雅倩，安菁，梁晨. 北京市松山国家级自然保护区典型植被群落的土壤微生物群落结构特征［J］. 北方园艺，2021（1）：81－86.

[20] 陈嘉慧，钱叶，侯怡铃，等. 不同年龄段银杏树根系土壤微生物群落功能多样性分析［J］. 生物加工过程，2021，19（1）：85－90.

[21] 李怡，余林，程平，等. 黄秆乌哺鸡竹根际与非根际土壤微生物群落结构分析［J］. 南方林业科学，2020，48（6）：40－44.

[22] 赵辉，王喜英，徐仕强，等. 贵州武陵片区不同种植年限设施菜地土壤微生物群落的结构和功能多样性［J］. 河南农业科学，2021，50（1）：81－91.

[23] 宋贤冲，郭丽梅，曹继钊，等. 猫儿山常绿阔叶林土壤微生物群落功能多样性的季节动态［J］. 基因组学与应用生物学，2020，39（9）：4017－4024.

[24] 陈文军，熊英，黄世芳，等. 两种速生人工纯林土壤微生物类群生态分布与养分状况的研究［J］. 广西农业生物科学，2007（S1）：107－112.

[25] 王天龙. 内蒙古鄂尔多斯几种典型固沙植物根际微生物研究［D］. 雅安：四川农业大学，2007.

[26] 马晓梅，尹林克，陈理. 塔里木河干流胡杨和柽柳根际土壤微生物及其垂直分布［J］. 干旱区研究，2008（2）：183－189.

[27] 陆娟，苏利梅，胡名扬，等. 芝麻根际生长素产生菌 SA4 的分离与鉴定［J］. 阜阳师范学院学报（自然科学版），2015，32（2）：79－82.

[28] CHABOT R，ANTOUN H，CESCAS M P. Growth promotion of maize and lettuce by phosphate－solubilizing *Rhizobium leguminosarum* biovar. *phaseoli* [J]. Plant and Soil，1996，184（2）：311－321.

[29] JAYARAMAN S，NAOREM A K，LAL R，et al. Disease－suppressive soils－beyond food production：a critical review [J]. Journal of Soil Science and Plant Nutrition，2021，12：1－29.

[30] 陈佛保，柏珺，林庆祺，等. 植物根际促生菌（PGPR）对缓解水稻受土壤锌胁迫的作用［J］. 农业环境科学学报，2012，31（1）：67－74.

[31] LATEF A A H A，HE C X. Arbuscularmycorrhizal influence on growth，photosynthetic pigments，osmotic adjustment and oxidative stress in tomato plants subjected to low temperature stress [J]. Acta Physiologiae Plantarum，2011，33（4）：1217－1225.

[32] CLARKSON D T. Factors affecting mineral nutrient acquisition by plants [J]. Annual

Review of Plant Physiology，2003，36（1）：77 -115.

[33] SUSLOW T V. Role of root - colonizing bacteria in plant growth [M]. New York：Academic Press，1982.

[34] 成璐，董铮，李魏，等. 大豆根腐病研究进展［J］. 中国农学通报，2016，32（8）：58 -62.

[35] 李海燕，齐永志，甄文超. 河北省小麦纹枯病菌群体组成及致病力分化［J］. 植物保护学报，2015，42（4）：497 -503.

[36] 赵世明，王美玲，律凤霞. 水稻稻瘟病病原菌分离纯化及分子鉴定［J］. 湖北农业科学，2021，60（6）：64 -66.

[37] 刘宇，韩淑梅，宋希强，等. 不同海拔下海南凤仙花可培养根际真菌和细菌群落的季节性变化［J］. 热带生物学报，2018，9（1）：47 -53.

[38] 张二豪，赵润东，尹秀，等. 西藏产区葡萄表皮及根际土壤真菌群落结构组成分析［J/OL］. 食品工业科技［2021 -04 -12］. doi. org/10. 13386/j. issn1002 -0306. 2020120225.

第六章　功能性刺梨酵母菌的筛选与评价

酵母菌一般泛指可发酵糖类的各种单细胞的真菌。酵母菌为最早被人类利用的微生物之一，不管是典籍里记载的“猿猴造酒”，还是西亚地区最早出现的面包以及欧洲起源的啤酒都离不开酵母菌“忙碌的身影”。现代生活中的方方面面更是少不了酵母菌的参与，其在食品、医药、化工、能源等领域均大有作为。

第一节　功能性酵母菌选育研究概况

酵母菌的种类繁多，生理特性不同，因而其应用领域也有差异。如根据发酵性能可分为产酒酵母（酿酒酵母）和产酯酵母（非酿酒酵母）两大类。酵母菌除了具有产酒和产酯的作用外，有的酵母菌还可产甘油、产酶，如糖苷酶、蛋白酶、脂肪酶、淀粉酶等功能，因而筛选、分离具有某种或某些功能的酵母具有重要的意义。

一、产β－葡萄糖苷酶酵母菌的选育

β－葡萄糖苷酶（β－glucosidase，EC3.2.1.21），又称β－D－葡萄糖苷酶，是一类可水解含β－D－葡萄糖苷键类化合物的酶，有利于具有香气特性的游离糖苷配体的释放，可应用于食品、化妆品、药品等行业中的增香[1]。

周立华等利用纯培养法从龙眼葡萄自然发酵液中获得一株高产 β－葡萄糖苷酶酿酒酵母菌，菌株编号为 KDLYS9－16。该菌株发酵的赤霞珠、美乐葡萄酒中香气物质的种类与含量均有显著增加，具有较好的应用潜能[2]。李庆华以硝基苯基－β－D－吡喃半乳糖苷为底物，通过显色法筛选出两株高产 β－葡萄糖苷酶的酵母菌 NX－9、NE－8。这两株酵母菌的酶活性较高，NX－9 的酶活为 4517.3 U/mL，NE－8 的酶活为 4222.58 U/mL，与工业菌株 VL1 较为接近[3]。侯晓瑞从甘肃河西走廊葡萄产区的葡萄自然发酵液中，分离到 5 株 β－葡萄糖苷酶的酶活与商业酵母 ICV－D254 酶活较为接近的酿酒酵母菌[4]。张敏等[5]、徐亚坤[6]则分别从新疆葡萄产区分离出高产 β－葡萄糖苷酶 Y8、XYN086 菌株，进而被鉴定为毕赤酵母属（Y8）、克鲁维毕赤酵母属（XYN086）。王玉霞从张裕集团的胶东半岛葡萄酒生产基地中分离到产 β－葡萄糖苷酶酶活较高的阿氏丝孢酵母（*Trichosporon asahii*），菌株编号为 F6[7]。蒋文鸿则分离出 3 株产 β－葡萄糖苷酶酶活较好的酵母菌“济 13”“济 45”“昌 29”，分别被鉴定为膜璞毕赤酵母、葡萄牙棒孢酵母（*Clavispora lusitaniae*）、胶红酵母[8]。王佳等从宁夏贺兰山东麓葡萄产区分离的酵母菌中发现了具有较高 β－葡萄糖苷酶酶活的胶红酵母、库德毕赤酵母（*Pichia kudriavzevii*）、核果梅奇酵母（*Metschnikowia fructicola*）、季也蒙毕赤酵母以及陆生伊萨酵母（*Issatchenkia terricola*）[9]。王凤梅等研究表明酿酒酵母、异常毕赤酵母（*Pichia anomala*）、星形假丝酵母（*Candida stellata*）、葡萄汁有孢汉逊酵母以及浅黄隐球酵母（*Cryptococcus flavescens*）均具有产 β－葡萄糖苷酶的能力[10]。马得草等则从白酒酒窖中分离到两株 β－葡萄糖苷酶酶活较高的发酵毕赤酵母（*Pichia fermentans*）H5Y1 和 Z9Y3[11]。

二、产香酵母菌的选育

香气特性是食品风味与品质的重要评价指标之一。食品中香气的来源包括原料香、加工香以及保藏香等。酵母菌作为食品加工过程中重要的工业微生物菌种，可通过发酵产生多种香气，有助于丰富食品中的香气特性[12]。

（一）酒类产香酵母菌的筛选

彭璐等经过嗅闻初筛、发酵樱桃汁复筛与三筛，得到一株适合樱桃果酒发酵的产香酵母菌 J2，进一步被鉴定为季也蒙酵母（*Meyerozyma caribbica*）。采用该菌株发酵的樱桃果酒，果香、酒香较为浓郁，酸甜协调、色泽深红、口感柔和，酒体中 17 种香气成分显著增加[12]。张俊杰等从赤霞珠葡萄发酵液中筛选出 7 株产香性能较好的酵母菌，生理性能检测结果表明，B_2 - 13 菌株发酵性能较好，发酵的苹果酒中含有 32 种香气，具有水果和花香的异戊醇与苯乙醇的含量较高，而且还含有赤霞珠干红葡萄酒特有香气物质 3 - 羟基 - 2 - 丁酮。B_2 - 13 菌株被鉴定为葡萄酒有孢汉逊酵母，是一株具有较好发酵性能和产香性能的酵母菌[13]。赵海霞等从苹果园土壤中分离出 4 株产香酵母菌，产酒精度数为 10%，SO_2 耐受性为 160 mg/L，混菌发酵实验表明，J - 4 菌株发酵的苹果酒品质优，风味典型，可作为苹果酒生产菌株[14]。丁旭则从芒果的果皮上筛选出 6 株产酒精能力、发酵性能较强的菌株，且对果酒发酵环境耐受性好。这 6 株酵母菌发酵的芒果酒中检测出 45 种香气物质，不同菌株发酵的芒果酒香气特性具有差异性。对各菌株的发酵芒果酒的香气成分、感官特性检测分析，发现 DTM9 为一株各种性能均较优的产香酵母菌[15]。古其会等从番木瓜果肉、果皮、果园土壤及果酒中分离出一株产香酵母菌 P3 - 3。该菌株在 pH 为 2.1、乙醇体积分数为 18%、SO_2 质量浓度为 300 mg/L 的情况下均可发酵。该菌株发酵的番木瓜果酒中酯类的含量达 6.53 g/L，香气独特、浓郁。经形态学与分子生物学方法鉴定，P3 - 3 属于梅奇酵母属[16]。申彤等从哈密瓜自然发酵液中分离到一株产香酵母菌 6a - 4。该菌株的最适生长温度为 34 ℃，pH 为 4.2，产酒精度为 10%，可作为独立的果酒发酵菌株[17]。庞博等从金沙窖酒的大曲、酒醅及酿造环境中分离出一株产香酵母菌 FBKL2.0011，该菌株模拟酒厂发酵的蒸馏酒中可检测出 43 种香气成分。经形态学与分子生物学鉴定，该菌株为酵母属[18]。王晓丹等从贵州酱香型白酒酒醅中筛选出两株产香酵母菌，分别为高产乙酸苯乙酯的库德里阿兹威毕赤酵母和高产乙酸乙酯的平常假丝酵母（*Candida inconspicua*）[19]。吕枫等从浓香型白酒酒醅中筛选出 3 株耐高温产香酵母菌 Y2、Y12 与 Y27，其中，Y12 菌株被鉴定为库德里阿兹威毕赤酵母。Y12 菌株固态发酵产物中可检测出包括醇类、酸类、酯类及酚类共 12 种挥发性化合物，乙酸乙酯含量达 39.04%。因此，该菌株是一株既耐高温又产香的酵母菌[20]。

（二）烟草产香酵母的筛选

郭林青等通过感官嗅闻法从水果表皮分离、筛选出一株可用于烟末生产的产香酵母菌 YG－4。形态学与分子生物学鉴定为汉逊酵母属。该菌株的发酵液中 2－戊烯酸、苯乙醇、苯甲酸苯乙酯、1－苯基－3－氨基吡唑等香味化合物含量增加，有助于改善发酵液的香气[21]。胡志忠等利用产香酵母菌对烟叶进行固态发酵，发现采用产香酵母菌可增加烟叶中多种香气物质的含量，如金合欢醇、糠醇、β－环柠檬醛、新植二烯等[22]。许春平等利用产香酵母菌发酵烟草花蕾，从中提取到 63 种香气物质，肉豆蔻酸、软脂酸、6,10,14－三甲基－2－十五烷酮、苯甲醇、棕榈油酸、苯乙醇含量较高，二氢猕猴桃内酯、2－正戊基呋喃、巨豆三烯酮、油酸酰胺为烟草的关键香气物质[23]。

（三）酱油产香酵母的筛选

目前，从酱醅中分离出的酵母菌包括 7 个属、32 个种[24]。孟凡冰等从豆酱用曲中分离出 2 株耐盐产香酵母菌 Waro03、Saro47，被鉴定为异常威克汉姆酵母属、酿酒酵母属。2 种酵母菌对 pH 与氯化钠的耐受性较好。Saro47 菌株可产生大量的醇类、酸类、酯类及醛类物质，Waro03 菌株则产生大量的醇类、酸类、酯类及酚类物质。氯化钠可抑制 Waro03 菌株合成醇类、酯类、呋喃酮类香气物质，增加酸类、醛类与酚类物质的含量。Waro03 菌株良好的耐盐性能及产酯能力，在酱油和酱制品的生产中具有较好的应用潜力[25]。李碧菲从制作酱油的发酵酱醅中，分离出一株产香酵母菌，该菌株在麦芽汁琼脂培养基上菌落白色、有皱褶、边沿不整齐。该菌株可发酵蔗糖、葡萄糖与麦芽糖，但不能发酵乳糖。可利用尿素、硫酸铵，不能利用硝酸盐。可耐受15%氯化钠处理，最适生长温度为30~35 ℃。菌株的繁殖效果随培养基中糖含量的增加而增强，利用该菌株发酵的酱油感官品质与车间生产的产品相似，具有天然发酵香与酯香[26]。

三、低产高级醇酵母菌的选育

高级醇，也称杂醇油，指具有3个及以上碳原子的一元醇类的统称，如异戊醇、正丙醇、2-苯乙醇等[27]。高级醇具有自身独特的呈香特性，在饮料酒中参与形成酒体的风味特性。适量的高级醇可赋予酒体独特的香气特性、丰满协调的口感体验，但高级醇含量过高，则给酒体带来不协调的异味，饮后易使人头痛，对身心健康不利[28]。因此，越来越多的学者聚焦筛选低产高级醇酵母菌的选育研究。朱玉章等筛选出一株低产高级醇酵母WY-T21，总高级醇产量为272.26 mg/L。该酵母菌发酵低产高级醇石榴酒最佳条件为20 ℃，浸渍6 d、添加80 mg/L的SO_2，总高级醇含量为245.35 mg/L[29]。孙时光等从桑葚自然发酵液中分离出一株发酵性能优良且低产高级醇的桑葚果酒酵母S-2，经鉴定为酿酒酵母。该菌株12 h开始产气，对体积分数14%的乙醇和质量浓度为120 mg/L的SO_2耐受性较好，发酵产乙醇量为10.56%，高级醇量为312.41 mg/L[30]。刘学强等从6株葡萄汁酵母菌与2株葡萄酒活性干酵母菌中获得一株高级醇含量最低的菌株WY-1。该菌株对400 g/L的葡萄糖、体积分数16%的乙醇、质量浓度为400 mg/L的SO_2均具有较好的耐受性，为一株性能优良的低产高级醇酵母菌[31]。魏运平从猕猴桃果皮、种植土壤中筛选得到一株低产高级醇酿酒酵母SYS2000。该菌株遗传稳定性好，高级醇的产生与菌体的生长过程密切相关，但是有一定的滞后性。菌株最佳发酵条件为16 ℃的发酵温度、1×10^7个/mL的接种浓度、果汁原始pH，高级醇含量可降低42%左右[32]。王鹏银等采用离子注入法选育出一株亮氨酸缺陷型菌株A713。该菌株的异戊醇含量比出发菌株降低 39.85%，高级醇总量比出发菌株降低 33.62%。该菌株可耐受体积分数 18% 的乙醇、14% 的盐度、38 ℃ 的发酵温度[33]。朱莉娜采用微波诱变法对出发菌株 CF－1 进行物理诱变，获得 7 株低产高级醇突变株，且遗传稳定[34]。凌猛等以啤酒酵母作为出发菌株，经紫外诱变，得到一株低产高级醇菌株 MS－5，该菌株在高耐性发酵条件下（高耐渗、高耐酒精）能有效降低高级醇含量[35]。郑楠采用基因工程的方法对酿酒酵母进行改造获得一株低产高级醇酵母菌。该菌株发酵的黄酒酒精度不受影响，高级醇含量比出发菌株降低 55.87%[36]。

第二节　刺梨产香酵母菌的筛选、鉴定及生理特性分析

果酒是指以如葡萄、梨子、山楂、哈密瓜、猕猴桃等水果为原料，经破碎、榨汁或浸泡而制成的低度饮料酒[37]。除原料、发酵工艺外，酵母菌在果酒生产中的作用也至关重要[38]。酵母菌将原料中的底物转化成酒精的同时，还可产生多种副产物，如各种酸类、高级醇类及酯类等，有助于调节酒体的品质特性，赋予酒体一定的风味和独特性[39]。因此，采用不同的酵母菌发酵的酒，其酒体品质特性也不同。

刺梨作为贵州重点发展的特色产业之一，是酿造果酒的一种优质水果。但目前对刺梨微生物的研究比较匮乏，香气特性是食品风味与品质的重要评价指标之一，目前聚焦刺梨果酒产香微生物选育的研究报道较为少见。著者采用嗅闻法，结合传统的微生物纯培养分离技术，分离刺梨产香酵母菌，进一步分析其生理特性与发酵性能，评价其对刺梨果酒品质的影响。

一、原理与方法

（一）刺梨材料

新鲜“贵农 5 号”刺梨果实，采自贵州龙里地区。

商业化酿酒酵母 X16 菌株购于法国 LAFFORT 公司。

（二）产香酵母菌的分离与鉴定

称取 100 g 新鲜成熟的刺梨，捣碎，放入 250 mL 无菌锥形瓶中，密封 28 ℃进行自然发酵。分别于发酵 1 d、3 d、5 d 后取样，采用梯度稀释法涂布于 YPD 固体平板上，28 ℃，培养 48 h。然后继续挑取每个平板上的单克隆，划线于 YPD 固体平板上，直至为纯的单克隆为止。

采用嗅闻法对各酵母菌进行筛选。挑取 YPD 固体平板上纯的单克隆菌株，使用草酸铵结晶紫简单染色，然后置于显微镜下观察细胞形态和生殖方式。挑取 YPD 固体平板上单克隆菌株划线于赖氨酸培养基上，28 ℃培养 3 d，观察其生长情况。选 YPD 固体平板上纯的单克隆菌株划线于 WL 固体培养基上，28 ℃培养 5 d，观察菌落颜色和形态。

PCR 法扩增菌体 26S rDNA D1/D2 区域，PCR 反应体系：2 × Taq PCR Master Mix 25 μL，10 μM NL1 引物和 NL4 引物各 2 μL，菌液 2 μL，补水至反应总体积 25 μL。反应结束后取 5 μL PCR 产物琼脂糖凝胶电泳检测。PCR 产物送生工生物工程（上海）股份有限公司进行测序，测序结果用 BLAST（http://blast.ncbi.nlm.nih.gov/Blast.cgi）进行同源序列搜索比对。

（三）产香酵母菌的生长曲线测定

各菌株以 10^6 cfu/mL 接种于 YPD 液体培养基，28 ℃、180 r/min 条件下培养，每隔 4 h 取样，以 YPD 液体培养基作为空白对照，在 600 nm 波长处测定菌悬液光密度（OD）值，平行重复 3 次，共取样 40 h。根据时间和 $OD_{600\ nm}$ 值绘制生长曲线。

（四）产香酵母菌的耐受性测定

糖耐受性：将各菌株以 10^6 cfu/mL 浓度接种于葡萄糖质量浓度分别为

100 g/L、150 g/L、200 g/L、250 g/L、300 g/L 的 YPD 液体培养基中，28 ℃、180 r/min 条件下培养 34 h，在 600 nm 波长处测定菌悬液 OD 值，平行重复 3 次。

柠檬酸耐受性[16]：将各菌株以 10^6 cfu/mL 接种于含柠檬酸质量分数分别为 1.5%、2.0%、2.5%、3.0% 的 YPD 液体培养基中，28 ℃、180 r/min 条件下培养 34 h，在 600 nm 波长处测定菌悬液 OD 值，平行重复 3 次。

乙醇耐受性：将各菌株以 10^6 cfu/mL 接种于乙醇体积分数分别为 3%、6%、9%、12%、15% 的 YPD 液体培养基，28 ℃、180 r/min 条件下培养 34 h，在 600 nm 波长处测定菌悬液 OD 值，平行重复 3 次。

SO_2耐受性：将各菌株以 10^6 cfu/mL 接种于 SO_2质量浓度分别为 50 mg/L、100 mg/L、150 mg/L、200 mg/L、300 mg/L 的 YPD 液体培养基中。28 ℃、180 r/min 条件下培养 34 h，在 600 nm 波长处测定菌悬液 OD 值，平行重复 3 次。

（五）产香酵母菌的产硫化氢性能分析

取 10 μL 浓度为 10^6 cfu/mL 的各菌株滴加在亚硫酸铋琼脂培养基表面上的滤纸片，待液体完全吸收后，28 ℃倒置培养 5 d，观察滤纸片变色情况。菌株产硫化氢能力由高到低，显色情况分别为棕黑色、棕色、墨绿色、淡墨绿色及不显色。

（六）产香酵母菌产 β－葡萄糖苷酶性能分析

采用对硝基苯基－β－D－吡喃葡萄糖苷（p－NPG）法分析菌株产 β－葡萄糖苷酶能力[17]。将各菌株以 10^6 cfu/mL 接种于 YPD 培养基中，28 ℃、200 r/min 条件下培养 72 h，取 1 mL 发酵液于离心管中，4 ℃、8000 r/min 离心 10 min，取上清液作为粗酶液。取 0.1 mL 粗酶液与 0.2 mL 的 35 mmol/L p－NPG 混匀，40 ℃保温 30 min，加入 2 mL 1 mol/L 的（Na_2CO_3）水溶液终止反应，于 400 nm 波长处测定吸光度。酶活单位（U）定义在 pH 为 5.0、50 ℃条件下，1 min 水解 p－NPG 产生 1 μmol 对硝基苯酚（p－

Nitrophenol，p-NP）所需酶量。

（七）数据统计分析

数据结果以平均值±标准差表示，采用软件 SPSS 21.0 进行数据单因素方差分析检验差异显著性。$P<0.05$ 为差异有统计学意义。

二、结果与分析

（一）刺梨产香酵母菌的筛选与鉴定

从刺梨自然发酵液中共分离得到 80 株酵母菌。采用嗅闻法从中筛选出 6 株果香与酒香较浓郁的酵母菌，编号分别为 F119、F13、C11、C26、C31、F110。F119、F13、C26、C31、F110 菌株在 WL 培养基上，菌落草绿色或深绿色、边缘平整、不透明、光滑湿润（见图 6-1），C11 在 WL 培养基上菌落白色、圆形、不透明、边缘有褶皱、凸起。

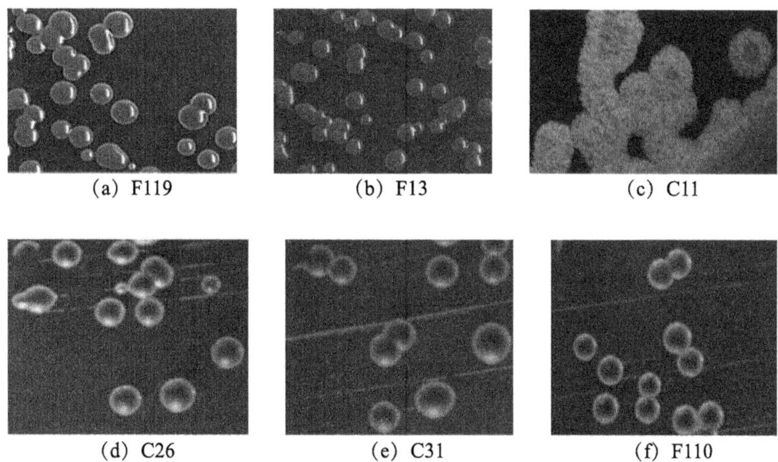

(a) F119　(b) F13　(c) C11

(d) C26　(e) C31　(f) F110

图 6-1　6 株刺梨产香酵母菌在 WL 培养基上菌落形态特征

如图 6-2 所示，F119、F13、C26、C31、F110 菌株显微形态为柠檬形，出芽繁殖；C11 菌株显微形态为球形或椭球形，出芽生殖。结合各菌株的菌落与细胞形态特征，初步认为 F119、F13、C26、C31、F110 菌株为刺梨来源的汉逊酵母，C11 菌株为刺梨来源的威克汉姆酵母。

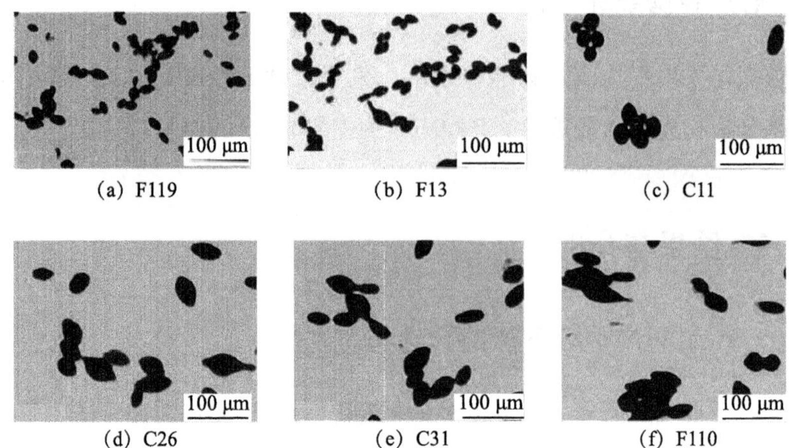

(a) F119　(b) F13　(c) C11

(d) C26　(e) C31　(f) F110

图 6－2　6 株刺梨产香酵母菌形态特征

注：Bar = 100 μm。

对各产香酵母菌株的 26S rDNA D1/D2 区域进行 PCR 扩增，扩增产物经测序和 BLAST 比对，发现 F119、F13、C26、C31、F110 菌株与葡萄汁有孢汉逊酵母同源性超过 99%，C11 菌株与异常威克汉姆酵母同源性也超过 99%。结合形态学与分子生物学鉴定结果，F119、F13、C26、C31、F110 菌株鉴定为刺梨来源的葡萄汁有孢汉逊酵母，C11 菌株鉴定为刺梨来源的异常威克汉姆酵母。

（二）刺梨产香酵母菌的生长特性

6 株刺梨产香酵母菌与 X16 菌株生长曲线对比如图 6－3 所示，基本上包括了延滞期、对数生长期、减速期与稳定期 4 个阶段。在对数生长期 F13、C31 菌株生长速度低于 X16 菌株，C11 菌株高于 X16 菌株，在减速期 F119、C26、F110 菌株生长速度均低于 X16 菌株，F119 菌株在稳定期低于 X16 菌株，其余菌株与 X16 菌株较为相似。

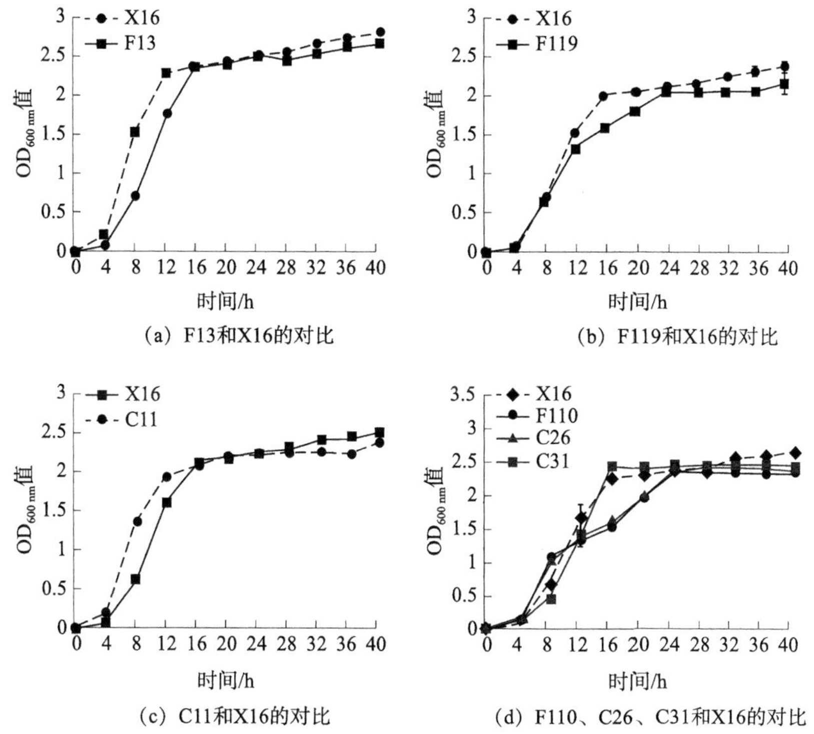

(a) F13和X16的对比

(b) F119和X16的对比

(c) C11和X16的对比

(d) F110、C26、C31和X16的对比

图6－3　6株刺梨产香酵母菌与X16菌株生长曲线对比

（三）刺梨产香酵母菌酿造学耐受性

6株刺梨产香酵母菌与X16菌株葡萄糖耐受性对比结果如图6－4所示，所有菌株均可耐受0～300 g/L葡萄糖处理，菌体生长良好。不同葡萄糖浓度下，6株刺梨产香酵母菌的$OD_{600\ nm}$值均低于X16菌株。

6株刺梨产香酵母菌与X16菌株柠檬酸耐受性对比结果如图6－5所示，所有菌株在酸度1%～3%范围均可生长，基本不受影响，且与X16菌株之间差异不显著，均具有较好的柠檬酸耐受性。

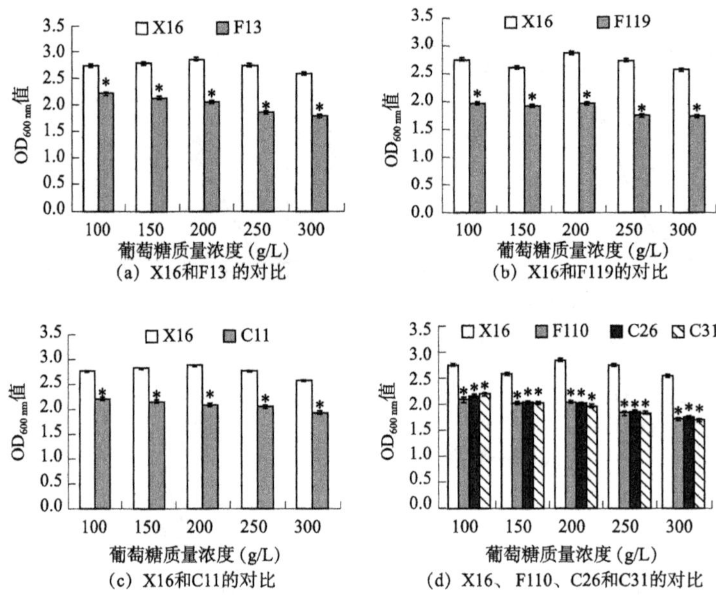

图 6-4　6 株刺梨产香酵母菌与 X16 菌株葡萄糖耐受性对比

注：* 表示 $P<0.05$，指与 X16 菌株相比较。

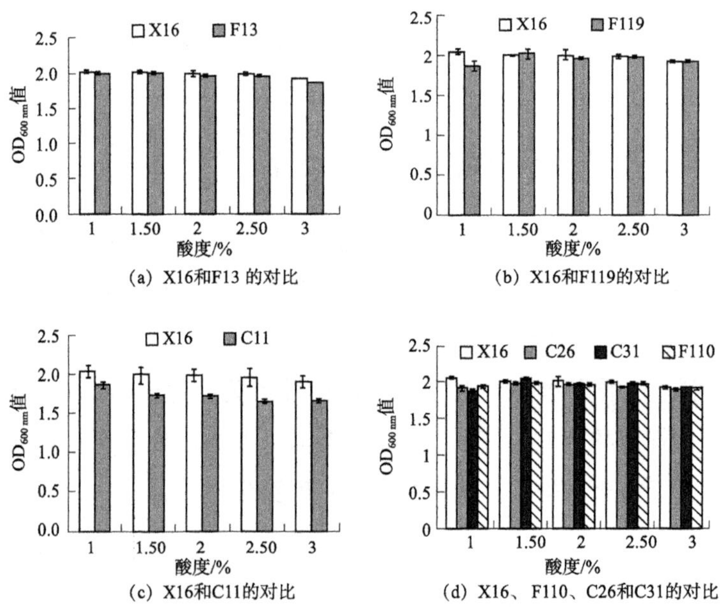

图 6-5　6 株刺梨产香酵母菌与 X16 菌株柠檬酸耐受性对比

6 株刺梨产香酵母菌与 X16 菌株乙醇耐受性对比结果如图 6－6 所示，C11 菌株乙醇耐受性较好，在体积分数 9% 乙醇环境下菌体生长较好，各乙醇浓度下 $OD_{600\ nm}$值与 X16 菌株较为相似。F119、F13、C26、C31、F110 菌株的乙醇耐受性较差，仅可耐受体积分数 3% 的乙醇处理。

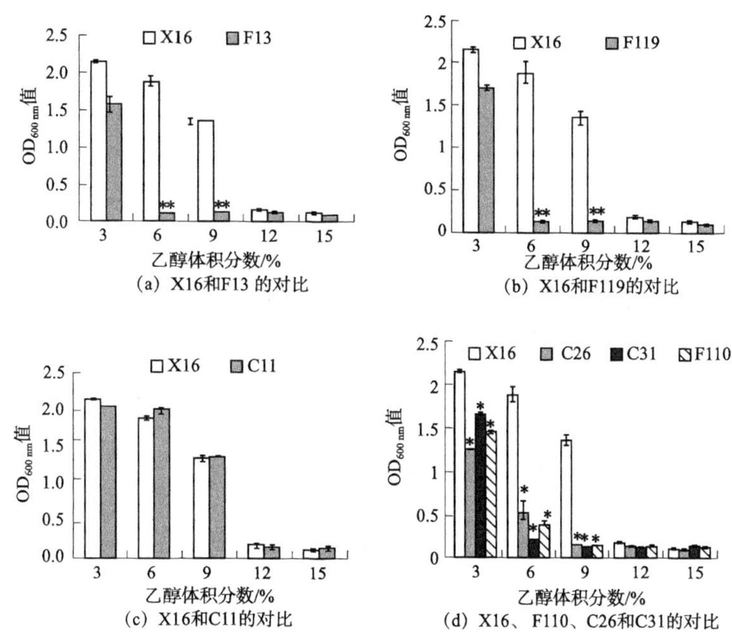

图 6－6 6 株刺梨产香酵母菌与 X16 菌株乙醇耐受性对比

注：* 表示 $P<0.05$，指与 X16 菌株相比较；** 表示 $P<0.01$，指与 X16 菌株相比较。

6 株刺梨产香酵母菌与 X16 菌株 SO_2 耐受性对比结果如图 6－7 所示，各菌株在 SO_2质量浓度 0～300 mg/L 范围内均可生长，变化较小，与 X16 菌株之间无显著差异。

（四）硫化氢产生能力

硫化氢是一种具有臭鸡蛋味的气体，对酒体风味具有不良影响。硫化氢产生能力一般是由菌体本身遗传背景决定的。6 株刺梨产香酵母菌与 X16 菌株产硫化氢性能对比如图 6－8 所示，F119、F13、C26、C31、F110 菌株的滤纸片无色，说明它们不产硫化氢。C11 菌株滤纸片为浅黄色，说明

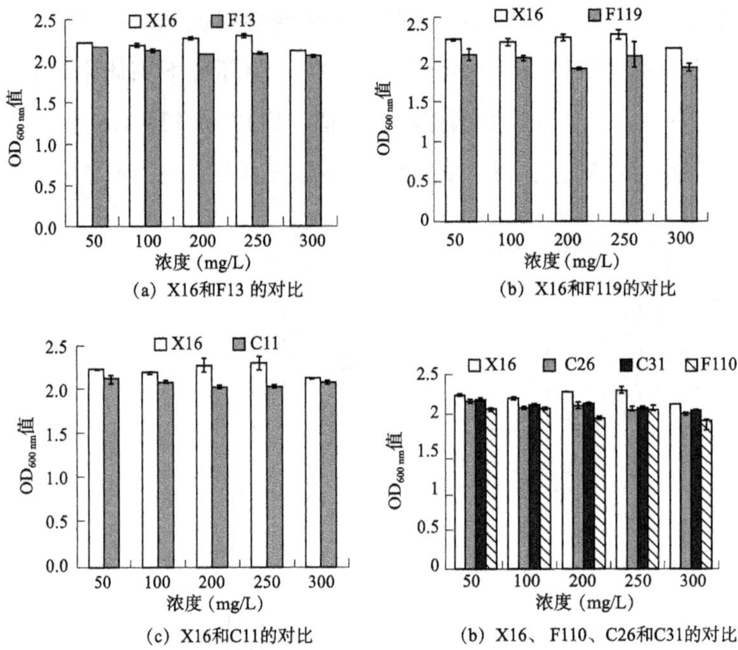

图 6－7　6 株刺梨产香酵母菌与 X16 菌株 SO_2 耐受性对比

C11 菌株产生一定量的硫化氢。X16 菌株滤纸片为黄棕色，具有较强的硫化氢产生能力。因此，F119、F13、C26、C31、F110、C11 菌株产硫化氢产生能力均低于 X16 菌株。

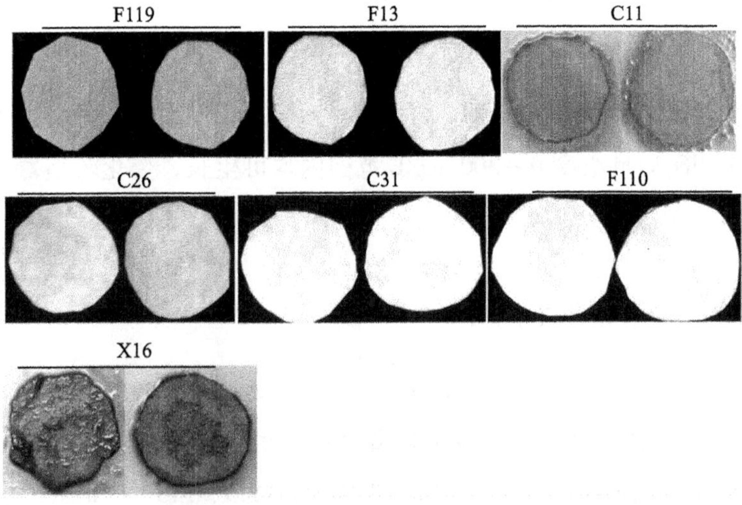

图 6－8　6 株刺梨产香酵母菌与 X16 菌株硫化氢产生能力对比

（五）β-葡萄糖苷酶产生能力

如表6-1所示，F119、F13、C26、C31、F110菌株的β-葡萄糖苷酶活性较低，均低于X16菌株，C11菌株的β-葡萄糖苷酶酶活则高于X16菌株。

表6-1　6株刺梨产香酵母菌与X16菌株β-葡萄糖苷酶酶活

菌株编号	β-葡萄糖苷酶酶活（mU/mL）
F119	13.98±0.21
F13	13.16±0.13
C11	41.8±0.21
C26	13.90±0.35
C31	13.00±0.42
F110	13.50±0.38
X16	25.41±0.06

三、讨论

作为药食同源的刺梨，其果实由于含酸类物质与酚类物质较高，鲜果食用酸涩、口感不佳，绝大部分的刺梨鲜果被加工成多种产品进行销售，如刺梨果酒、刺梨果汁、刺梨果脯等。刺梨果酒香气浓郁、风味独特，其产酒酵母多采用来源于葡萄酒的生产菌株，缺乏来源于刺梨本身的优质酵母菌。前期研究表明，刺梨果实天然存在大量的野生酵母菌，其中不乏一些优质酵母菌，从中分离产香酵母菌是可行的[40]。采用嗅闻法从保存的80株可培养刺梨酵母菌中筛选出6株产香酵母菌，经形态学与分子生物学鉴定为5株葡萄汁有孢汉逊酵母，1株异常威克汉姆酵母。

葡萄汁有孢汉逊酵母是一类普遍存在于多种水果表皮的酵母菌。可用于果酒酿造[41]、果蔬病害的生物防控与保鲜[42]等领域。剧柠等从枸杞种植土壤、鲜果及果实自然发酵液中分离出2株葡萄汁有孢汉逊酵母GF-

60、GF－80，GF－60与商业化酿酒酵母按照3：1比例进行接种，混合发酵枸杞果酒，经GC－MS方法检测，发酵果酒香气成分更丰富[43]。张俊杰等从赤霞珠葡萄发酵液中筛选出一株发酵性能较好的葡萄酒有孢汉逊酵母B_2－13，该菌株发酵的苹果酒中水果和花香的异戊醇与苯乙醇的含量较高，还含有赤霞珠干红葡萄酒特有香气物质3－羟基－2－丁酮[13]。

异常威克汉姆酵母是一类具有特殊生理特性与代谢特征的酵母菌，最初被归为毕赤酵母属、汉逊酵母属，近年来被重新单独归为一类，即威克汉姆酵母属[44-46]。该类酵母可耐受较为极端的环境条件，如较低的pH、较高的渗透压以及无氧环境等[47]。研究发现，该类酵母菌可合成多种糖苷酶，如β－葡萄糖苷酶，这些酶可水解一些结合态的风味物质，有助于增加香气物质的释放[48]。本节分离得到的一株异常威克汉姆酵母C11菌株，也属于高产β－葡萄糖苷酶，其酶活为X16菌株的1.6倍。此外，该类酵母菌还可产生多种具有花香和水果香的挥发性酯类物质，如乙酸乙酯、乙酸异戊酯、乙酸苯乙酯等。因此，异常威克汉姆酵母C11菌株被鉴定为一株刺梨产香酵母菌。

本节研究还表明，6株刺梨产香酵母菌对柠檬酸、SO_2耐受性较好，对葡萄糖的耐受性稍差于商业化酿酒酵母X16菌株。5株葡萄汁有孢汉逊酵母菌对乙醇较为敏感，在高浓度乙醇环境下，菌体基本不能存活，后期可考虑采用诱变育种、基因工程育种、原生质体融合育种等多种育种技术进行改造，以提高其乙醇耐受性。异常威克汉姆酵母C11菌株对乙醇耐受性较好，其生长性能与X16菌株基本一致。因此，6株刺梨产香酵母菌对刺梨果酒生产环境具有一定的耐受性，其发酵性能还有待进一步的分析与评价。

第三节　刺梨产β－葡萄糖苷酶酵母菌的筛选、鉴定、生理特性及发酵特性分析

刺梨，蔷薇科、蔷薇属植物，主要分布在我国西南地区，如贵州、云南、四川等。刺梨果实富含氨基酸、维生素、多糖、微量元素、黄酮等多

种营养物质与活性物质，具有较高的营养价值、应用价值及开发价值。

目前对刺梨微生物资源的筛选、鉴定及应用等方面的研究比较缺乏。谢丹等采用高通量测序技术分析了刺梨果渣自然发酵过程中细菌群落结构和多样性的变化，从 10 个不同发酵时期样本中检测出 26 个门类、40 个纲类群、74 个目类群、162 个科类群、373 个属的细菌类群，整个发酵过程中，葡糖杆菌属、醋酸杆菌属为优势菌。发酵结束后，菌群的丰富度大小依次为变形菌门、厚壁菌门、放线菌门以及拟杆菌门[49]。本节采用高通量测序技术，对贵州刺梨主要栽培品种“贵农 5 号”果实自然发酵过程中非酿酒酵母多样性进行了鉴定，通过纯培养法从中分离出 80 株可培养酵母菌，归属于汉逊酵母、伯顿丝孢毕赤酵母、克鲁维毕赤酵母、*Pichia sporocuriosa* 以及异常威克汉姆酵母[40]。但对刺梨野生酵母菌其他性能方面的了解还比较少，亟待加强。

β - 葡萄糖苷酶，又称 β - D - 葡萄糖苷酶，是一类能水解含 β - D - 葡萄糖苷键类的化合物的酶，有助于具有香气特性游离糖苷配体的释放，可应用于食品、化妆品、药品等行业中的增香[1]。本节采用七叶苷显色法、p - NPG 显色法从分离保藏的刺梨可培养酵母菌中，筛选产 β - 葡萄糖苷酶菌株，分析菌株的产酶特性与产酶条件。继而采用化学诱变剂甲基磺酸乙酯（EMS）对产 β - 葡萄糖苷酶刺梨菌株进行诱变，进一步提高其 β - 葡萄糖苷酶活性。采用高产 β - 葡萄糖苷酶菌株进行刺梨果酒的发酵实验，检测发酵果酒的挥发性香气成分，从而分析 β - 葡萄糖苷酶对刺梨果酒香气特性的影响。

一、原理与方法

（一）酵母菌株

刺梨野生酵母菌株共计 65 株，分离于“贵农 5 号”刺梨果实自然发酵液，保藏于 - 80 ℃超低温冰箱。商业化酿酒酵母 X16 菌株购于法国 LAFFORT 公司。

（二）培养基

本节所用培养基为 YPD 培养基、马铃薯葡萄糖琼脂培养基（potato dextrose agar，PDA）以及七叶苷筛选培养基，其配方如表 6－2 所示。

表 6－2　本节所用培养基及配方

培养基名称	配方	灭菌方式	保存方式
YPD 培养基	酵母粉 10 g/L，蛋白胨 20 g/L，葡萄糖 20 g/L，固体培养基另加入琼脂粉 20 g/L，pH 自然	115 ℃，0.1 MPa 灭菌 30 min	4 ℃保存，备用
马铃薯葡萄糖琼脂培养基	马铃薯 200 g/L，葡萄糖 20 g/L，pH 自然	115 ℃，0.1 MPa 灭菌 30 min	4 ℃保存，备用
七叶苷筛选培养基	七叶苷 3 g/L，柠檬酸铁 0.5 g/L，NaCl 2 g/L，$MgSO_4 \cdot 7H_2O$ 0.5 g/L，KH_2PO_4 1 g/L，琼脂 20 g/L	115 ℃，0.1 MPa 灭菌 30 min	4 ℃保存，备用

（三）酵母菌株的筛选

菌株活化：将－80 ℃保存的刺梨野生酵母菌株、X16 菌株划线于 YPD 固体培养基，28 ℃恒温倒置培养 48 h，4 ℃保存，备用。

七叶苷显色法筛选产 β－葡萄糖苷酶刺梨野生酵母：β－葡萄糖苷酶可将七叶苷水解为七叶苷原，七叶苷原与 Fe^{3+} 作用显棕黑色，根据显色结果将颜色定义为最高酶活性（深黑“＋＋＋＋”）、高酶活性（黑“＋＋＋”）、中酶活性（深灰“＋＋”）、低酶活性（灰“＋”）和无酶活性（白“－”）5 种显色水平（见图 6－9）。

将活化的 65 株刺梨酵母菌按 10^5 cfu/mL 接种到含 200 μL 七叶苷培养基的 96 孔板中，28 ℃培养 72 h，观察显色情况。

p－NPG 显色法筛选：①标准曲线制作。配置 0.75% p－NP 为标准样，取 0.1 mL、0.2 mL、0.3 mL、0.4 mL、0.5 mL p－NP 标准样，用 pH 为 5.0 的 100 mmol/L 柠檬酸－磷酸缓冲液补至 1 mL，加入 1.2 mL 1 mol/L

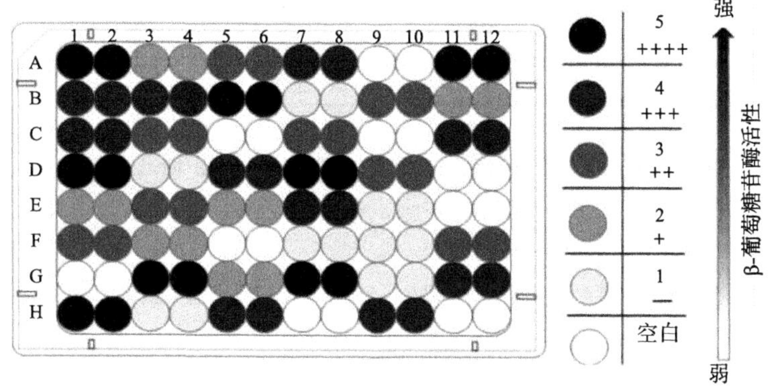

图 6-9　七叶苷半定量比色法筛选原理[11]

Na_2CO_3 溶液终止反应，在 400 nm 下测定其 OD 值，空白对照调零，以 $OD_{400\ nm}$为纵坐标，p-NP 添加量为横坐标，绘制标准曲线。②产 β-葡萄糖苷酶菌株酶活的测定。将酵母菌以 1% 的接种量接种于发酵培养基，以 X16 菌株为对照，28 ℃，200 r/min 条件下培养 72 h，取 1 mL 发酵液于离心管中，4 ℃、8000 r/min 离心 10 min，取上清液作为粗酶液。取 0.1 mL 粗酶液与 0.2 mL 35 mmol/L 的 p-NPG 混匀，40 ℃保温 30 min 后，加入 2 mL 1 mol/L 的 Na_2CO_3溶液终止反应，于 400 nm 波长处测定 OD 值。酶活力单位（U）定义在 pH 为 5.0、40 ℃反应条件下，1 min 水解 p-NPG 产生 1 umol p-NP 所需酶量。

（四）酵母菌株的鉴定

形态学方法鉴定：将活化的酵母菌株分别划线于 YPD 培养基、WL 培养基、赖氨酸培养基平板上，28 ℃恒温倒置培养 3 d，观察各菌落形态特征。使用草酸铵结晶紫对各酵母菌细胞进行染色，光学显微镜观察各细胞的形态特征与生殖方式。

分子生物学方法鉴定：采用通用引物 NL1、NL4 扩增各酵母菌株的 26S rDNA D1/D2 区域（见图 6-10）。

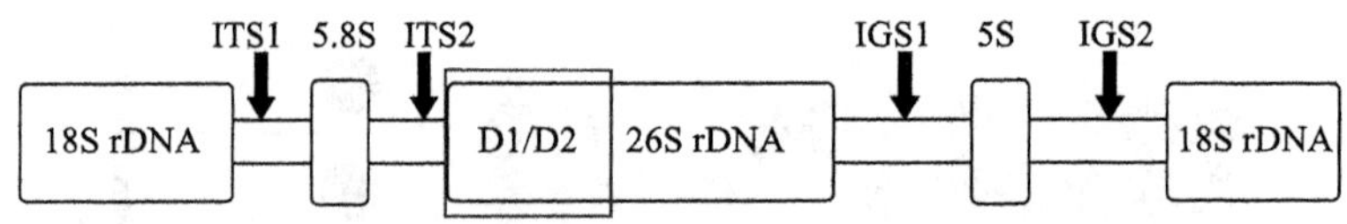

图 6－10　各酵母菌株的 26S rDNA D1/D2 扩增区域

（1）引物序列

NL1：5′－GCATATCAATAAGCGGAGGAAAAG－3′；NL4：5′－GGTC-CGTGTTTCAAGACGG－3′。

（2）PCR 反应体系

Taq PCR Master Mix（2×）25 μL、NL1 引物 2 μL、NL4 引物 2 μL、菌液 2 μL、补水至 50 μL。

扩增反应程序：95 ℃预变性 5 min，94 ℃变性 30 s，55 ℃退火 30 s，72 ℃延伸 1 min，共 35 次循环，最后 72 ℃终末延伸 10 min。取 5 μL 的 PCR 产物与 1 μL 的上样缓冲液（Loading buffer）混合，加样于预先制备的 1% 琼脂糖凝胶点样孔中进行电泳分离，电泳条件为 100 V、20 min。凝胶成像系统拍照。含有目标片段的 PCR 产物送上海生物工程技术服务有限公司进行测序，测序结果在 NCBI 上进行同源序列（BLAST）搜索比对（ht-tps：//blast. ncbi. nlm. nih. gov/Blast. cgi）。

（五）酵母菌株的动力学参数测定

将酵母菌株以 1% 接种量接于 YPD 液体培养基中，28 ℃、180 r/m 条件下培养 72 h 制备粗酶液，以浓度（mmol/L）分别为 0. 25、0. 50、0. 75、1. 00、10. 0、20. 0、30. 0、40. 0 的 p－NPG 作为反应参数，pH 为 5. 0，温度 40 ℃反应 30 min，反应结束后，400 nm 处测定其 OD 值。

（六）酵母菌株的生长曲线测定

将酵母菌株以 10^6 cfu/mL 接种于 YPD 液体培养基中，28 ℃、180 r/min 恒温培养培养 40 h，每 4 h 取样一次，在 600 nm 处分别测定其 OD 值，以

X16 菌株为对照，每组平行重复 3 次。

（七）酿造环境对酵母菌株 β－葡萄糖苷酶的影响

（1）温度和 pH：将粗酶液分别在温度为 20 ℃、30 ℃、40 ℃、50 ℃、60 ℃和 pH 为 3.0、4.0、5.0、6.0、7.0 的条件下进行反应，p－NPG 法测定不同条件下的酶活。

（2）葡萄糖、乙醇及金属离子：将粗酶液分别在含葡萄糖质量浓度为 0、5%、10%、15%、20%，乙醇体积分数为 0、5%、10%、15%、20% 以及终浓度为 10 mmol/L 的 K^+、Na^+、Mg^{2+}、Cu^{2+} 的条件下进行反应，p－NPG 法测定不同条件下的酶活。

（八）酵母菌株的化学诱变

培养出发菌株（待诱变酵母菌）至对数生长期，4000 r/min 离心 10 min，生理盐水洗涤菌体细胞 2 次，菌体细胞重新悬浮于生理盐水中，使其终浓度为 10^8 cfu/mL。

酵母菌株的 EMS 诱变参考温智慧等研究方法进行[50]。取制备好的出发菌株细胞悬液，加入化学诱变剂 EMS 以便将 EMS 调至终浓度分别为 0、1%、2%、3%。28 ℃恒温孵育 1 h。4000 r/min 离心收集菌体细胞，弃上清至废液回收瓶。5% 硫代硫酸钠溶液重新悬浮细胞 2 次，生理盐水重新悬浮细胞至浓度为 10^{-1}～10^{-5} 个/L。然后将稀释液涂布于 YPD 固体培养基上，生化培养箱中 28 ℃恒温培养 48 h。根据平板上的菌落属，计算各 EMS 浓度下的诱变致死率。致死率 =（对照组菌落数 － 处理组菌落数）/对照组菌落数。

（九）突变菌株的筛选

将突变后稀释涂板长出的菌落，挑至 96 孔板 PDA 培养基（含 p－NPG）中，28 ℃恒温培养 72 h，加入 1 mol/L Na_2CO_3 溶液终止反应。观察并记录各孔的显色情况，拍照。显色较深的菌落进行复筛与进一步检测分析。

将初筛显色较深的菌株挑至 YPD 液体培养基中，28 ℃、180 r/min 恒温培养 72 h，4000 r/min 离心收集上清液。上清液作为粗酶液，备用，用来测定 β－葡萄糖苷酶活性。

（十）其他糖苷酶活性的测定

分别取步骤（九）制备的粗酶液 300 μL 加入 1.5 mL 离心管中，①加入 100 μL 的 p－NPX 底物溶液，37 ℃孵育 1 h，加入 1 mol/L Na_2CO_3溶液终止反应，静置 5 min，利用分光光度计于 400 nm 处测定其 OD 值，根据 $OD_{400\ nm}$值计算 β－D－木糖苷酶的活性。②加入 300 μL 的 p－NPAG 底物溶液，37 ℃孵育 0.5 h，加入 1 mol/L Na_2CO_3溶液终止反应，静置 15 min，利用分光光度计于 405 nm 处测定其 OD 值，根据 $OD_{405\ nm}$值计算菌株 α－L－阿拉伯呋喃糖苷酶的活性。③加入 150 μL 的 p－NPR 底物溶液，45 ℃水浴孵育 20 min，加入 1 mol/L Na_2CO_3溶液终止反应，静置 15 min，利用分光光度计于 405 nm 处测定其 OD 值，根据 $OD_{405\ nm}$值计算菌株 α－L－鼠李糖苷酶的活性。

（十一）菌株遗传稳定性实验

将诱变后筛选的高产 β－葡萄糖苷酶菌株接种于 YPD 培养基中，28 ℃、180 r/min 条件下培养 72 h 为一代，根据步骤（三）中的 p－NPG 方法测定菌株的 β－葡萄糖苷酶的活性，传代共 8 代。

（十二）酵母菌株发酵刺梨果酒

取新鲜成熟的“贵农 5 号”刺梨，破碎榨汁，加入 100 mg/L 的偏重亚硫酸钾以及 20 mg/L 的果胶酶，室温处理 12 h。测定其糖度，加糖至 24°Brix。然后将其分成 5 组，置于 2 L 无菌三角瓶中，每组平行重复 3 次。第一组为 X16 组，仅接种终浓度为 10^7 cfu/mL 的商业化酿酒酵母 X16 菌株。第二组为 C4 组，仅接种终浓度为 10^8 cfu /mL 的异常威克汉姆酵母 C4 菌株。第三组为 E3 组，仅接种终浓度为接种 10^8 cfu/mL 的异常威克汉姆酵母 E3 菌株。第四组为 X16 + C4 组，共同接种 10^7 cfu/mL 的酿酒酵母 X16 菌株以及 10^8 cfu/mL 的异常威克汉姆酵母 C4 菌株。第五组为 X16 + E3 组，共同接种 10^7cfu /mL 的商业化酿酒酵母 X16 菌株以及 10^8 cfu/mL 的异常威克汉姆酵母 E3 菌株。将处理好的各组样品置于 25 ℃恒温培养箱中进行发酵。待发酵结束后，取各组刺梨原酒，5000 r/min 离心 10 min，取上清用于后续各种指标的检测与分析。

（十三）刺梨果酒发酵过程中 β – 葡萄糖苷酶活性变化

刺梨果酒经发酵 0 d、2 d、4 d、6 d、8 d、10 d、12 d、14 d、16 d 取样，利用步骤（三）中的 p – NPG 方法测定刺梨果酒发酵过程中 β – 葡萄糖苷酶活性变化特性。

（十四）刺梨果酒品质分析

刺梨果酒基本理化指标的测定：采用酒类国际检测分析方法对各组刺梨果酒的乙醇体积分数、总糖、总酸以及挥发酸含量进行测定[51]，利用 pH 分析仪测定刺梨果酒的 pH。

刺梨果酒的电子感官特性分析：量取各组刺梨果酒，加入至电子舌检测烧杯中，按照电子舌系统仪器操作步骤测定各组刺梨果酒电子感官特性，每个样品平行重复 3 次。

刺梨果酒挥发性香气特性分析：利用 HS – SPME – GC – MS 方法测定各组刺梨果酒的挥发性香气成分。以环己酮为内标，利用 GC – MS 方法对萃取的香气进行测定。查阅各挥发性香气成分的阈值，计算其风味活性值（Odour activity value，OAV）。计算公式如下：

$$OAV = \frac{C_i}{OT_i}$$

其中，C_i 为香气成分质量浓度（μg/mL），OT_i 为香气成分阈值（mg/L）。

（十五）数据分析

采用软件 Excel 2010 对测定的数据进行处理与作图。采用软件 SPSS 21.0 对数据进行显著性分析。$P<0.05$ 为差异有统计学意义。

二、结果与分析

（一）酵母菌株的筛选

七叶苷显色法结果如图 6－11 所示，65 株酵母菌中有 8 株显色较深，为黑色或深灰色，编号分别为 B3、B9、B11、C4、C5、C9、D8、E9。

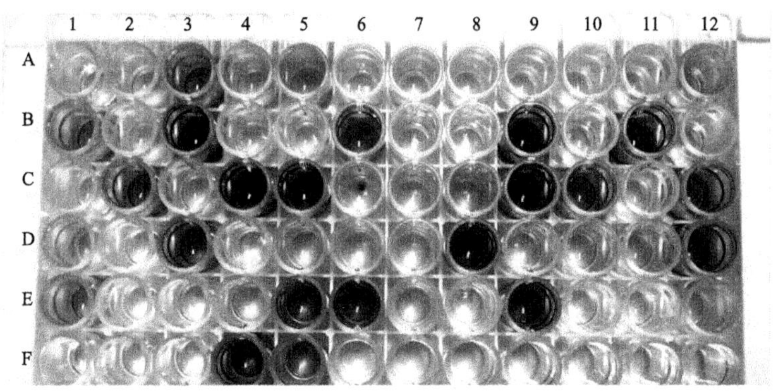

图 6－11 七叶苷显色法分析 β－葡萄糖苷酶活性（28 ℃，72 h）

p－NPG 显色法测定结果如表 6－3 所示，8 株酵母菌产 β－葡萄糖苷酶能力均高于 X16 菌株［(25.9 ±0.351) U/L］，其中 C4 菌株酵母菌酶活最高，为 (41.8 ±0.252) U/L，因此，选择 C4 菌株作进一步的分析。

表 6－3 p－NPG 显色法分析各菌株的 β－葡萄糖苷酶活力

菌株编号	β－葡萄糖苷酶活性（U/L）
B3	38.70 ±0.40
B9	37.33 ±0.21
B11	36.17 ±0.25

续表

菌株编号	β－葡萄糖苷酶活性（U/L）
C4	41.83 ±0.25
C5	35.60 ±0.20
C9	40.30 ±0.17
D8	36.85 ±0.23
E9	32.50 ±0.17

（二）酵母菌株的鉴定

如图 6－12 所示，C4 菌株显微形态为球形或椭球形，在 YPD 培养基上菌落白色、球形、不透明、边缘有褶皱。在 WL 培养基上菌落白色、圆形、不透明、边缘有褶皱、凸起。在赖氨酸培养基上菌落白色、球形、凸起、生长良好。结合形态学结果初步判断 C4 菌株为威克汉姆酵母。

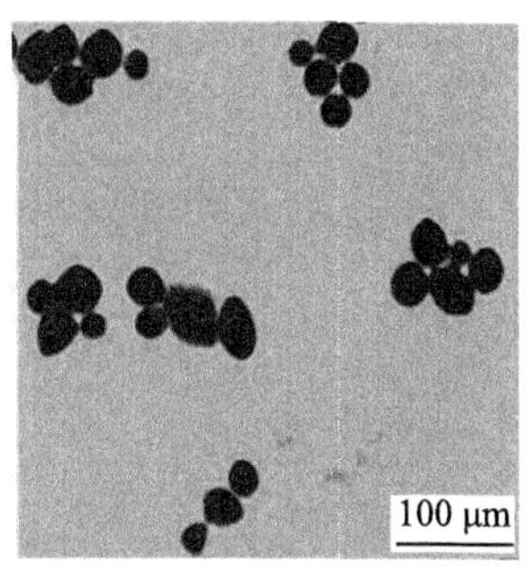

（a）C4菌株细胞显微的形态特征

（b）C4菌株在YPD培养基上的形态特征

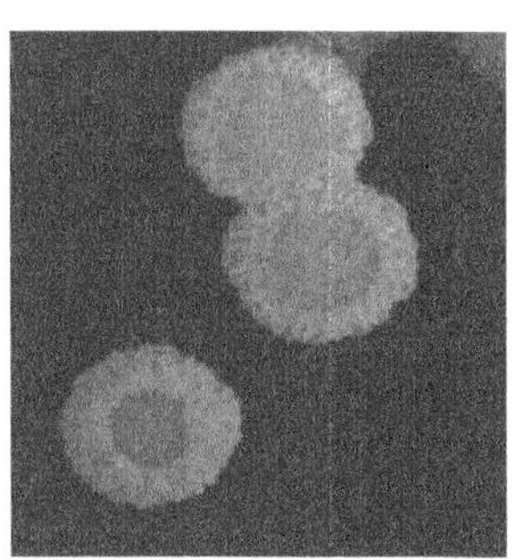

（c）C4菌株在WL培养基上的形态特征

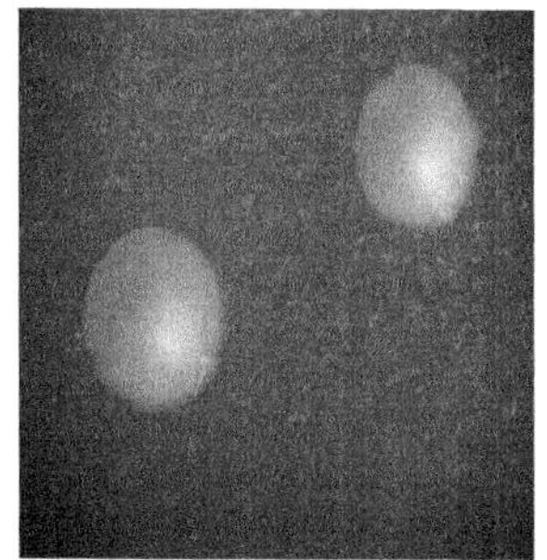

（d）C4菌株在赖氨酸培养基上的形态特征

图 6－12　C4 菌株形态学特征

注：Bar = 100 μm。

分子生物学鉴定结果表明，C4 菌株与异常威克汉姆酵母菌株 TC2－5 同源性较高，为 99.66%。结合形态学与分子生物学结果判断 C4 为一株刺梨来源的异常威克汉姆酵母。

（三）酵母菌株的动力学参数特征

根据米氏方程与双倒数作图法求得 C4 菌株 β－糖苷酶动力学参数 K_m、V_{max}分别为（0.53 ±0.03）mM、1.08 U/g。

（四）酿造环境对酵母菌株 β－葡萄糖苷酶的影响

结果表明，C4 菌株 β－葡萄糖苷酶最适温度为 40 ℃，pH 为 5.0［见图 6－13（a）和图 6－13（b）］。葡萄糖可抑制 β－葡萄糖苷酶的活性，体积分数低于 10% 的乙醇对 β－葡萄糖苷酶有激活作用，而超过 10% 的乙醇抑制 β－葡萄糖苷酶的活性［见图 6－13（c）和图 6－13（d）］。

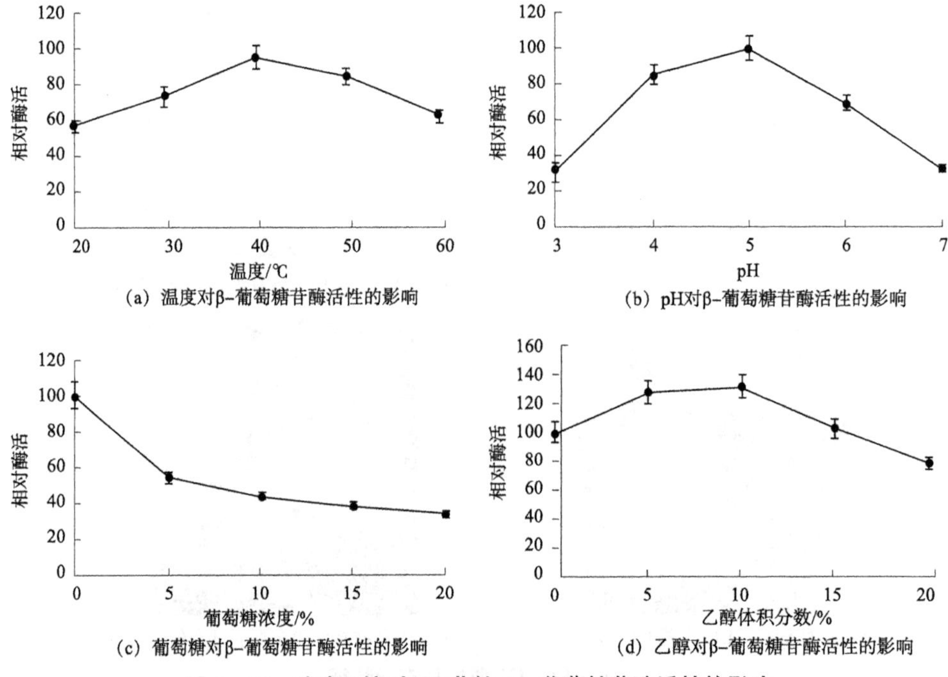

图 6－13　酿造环境对 C4 菌株 β－葡萄糖苷酶活性的影响

（五）菌株的化学诱变

诱变时间的选择：如图 6 - 14 所示，C4 菌株的生长曲线包含了适应期、对数生长期以及稳定期。其中适应期为 0 ~ 4 h，对数生长期为 4 ~ 20 h，稳定期为 20 h 以后。因此，EMS 化学诱变实验选择为细胞生长旺盛的对数生长中期（12 h）。

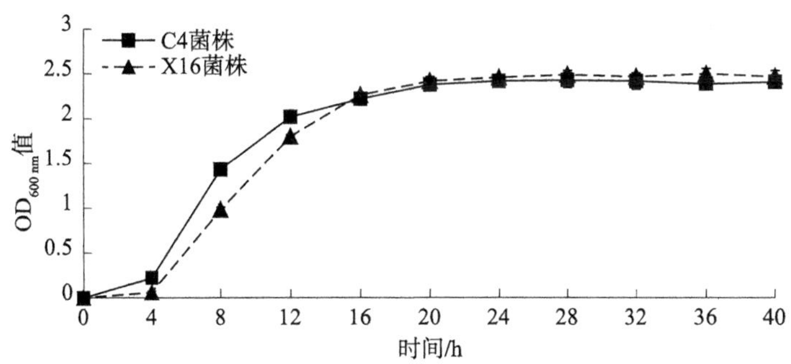

图 6 - 14　C4 菌株和 X16 菌株生长曲线对比

诱变浓度的选择：如图 6 - 15 所示，不同浓度诱变剂 EMS 对 C4 菌株致死率不同。菌株的致死率随着 EMS 浓度的增大而提高。1% 的 EMS 致死率为 81%，而 2% 的 EMS 致死率达到 93%，3% 的 EMS 可杀死全部细胞，致死率为 100%。据报道，当致死率为 75% ~ 85% 时，正突变率高，有利于优良性状菌株的筛选[52]。因此，EMS 的诱变浓度选择 1%。

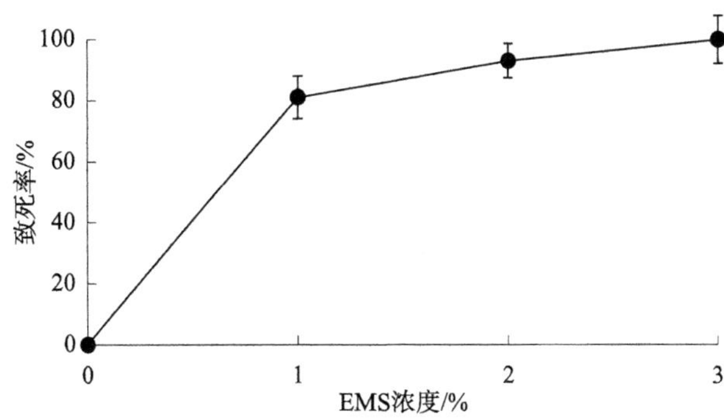

图 6 - 15　不同浓度 EMS 对 C4 菌株致死率影响

（六）突变菌株的筛选

p－NPG 法从 C4 菌株 EMS 诱变的后代中，筛选出 3 株编号分别为 D7、E3、F7 的 β－葡萄糖苷酶酶活较高菌株，其酶活分别为（48.96±0.95）U/L、（55.05±0.74）U/L、（54.25±0.26）U/L（见图 6－16）。E3 菌株的酶活最高，与出发菌株 C4［（41.80±0.25）U/L］相比，提高了 31.70%，因而以 E3 菌株作为后续研究对象，进一步分析 β－葡萄糖苷酶对刺梨果酒香气的影响。

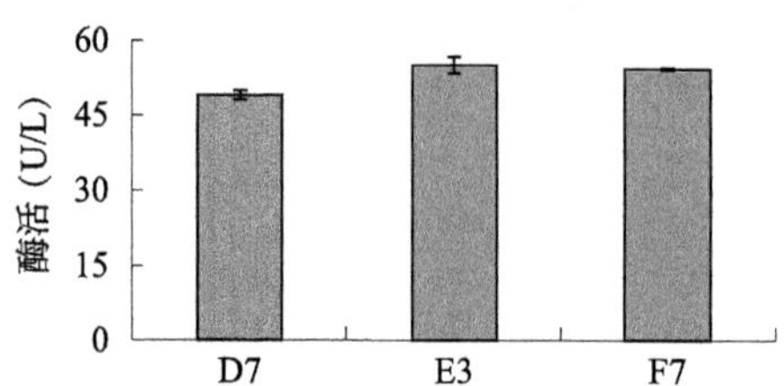

图 6－16　3 株突变菌株的 β－葡萄糖苷酶活性对比

对于 E3 菌株而言，化学诱变仅提高了其 β－葡萄糖苷酶的活性，对于其 α－L－阿拉伯呋喃糖苷酶、β－D－木糖苷酶、α－L－鼠李糖苷酶的活性没有影响（见图 6－17）。

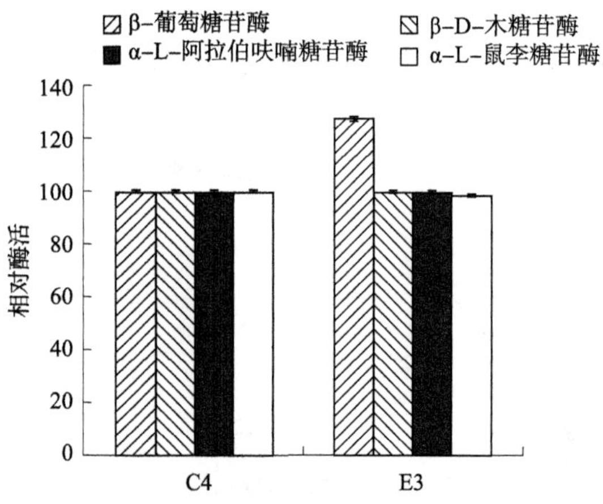

图 6－17　C4 菌株和 E3 菌株 4 种糖苷酶活性对比

（七）突变菌株产β-葡萄糖苷酶遗传稳定性分析

E3菌株培养8代，各代产β-葡萄糖苷酶活性如图6-18所示，每一代菌株的β-葡萄糖苷酶活性均较高，与出发菌株C4之间没有显著性差异，菌株产β-葡萄糖苷酶性能较为稳定性。

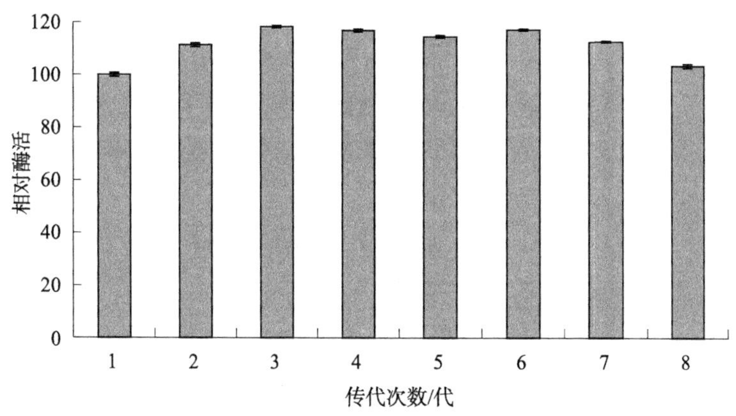

图6-18　E3菌株产β-葡萄糖苷酶遗传稳定性分析

（八）刺梨果酒酿造过程中β-葡萄糖苷酶活性变化

刺梨果酒酿造过程中β-葡萄糖苷酶活性变化趋势如图6-19所示，发酵的前10天，β-葡萄糖苷酶活性表现出逐渐增加的趋势，在第10天达到最大值。随后，β-葡萄糖苷酶的活性快速下降，直至发酵结束。

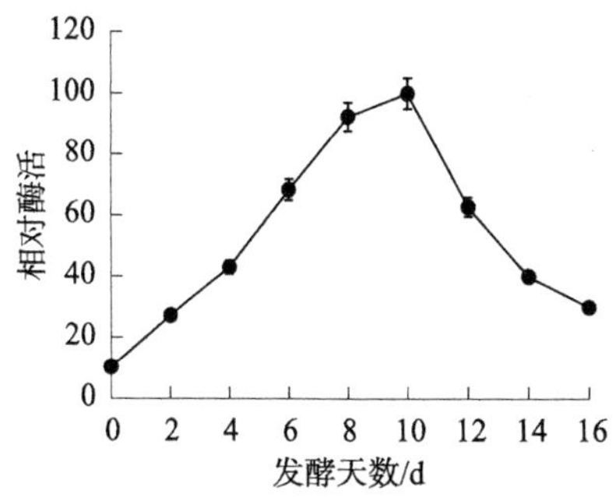

图6-19　刺梨果酒发酵过程中β-葡萄糖苷酶活性变化分析

（九）β－葡萄糖苷酶对刺梨果酒品质影响

1. 刺梨果酒基本理化指标

如表6－4所示，C4组、E3组发酵刺梨果酒的酸度值（pH、总酸、挥发酸）、总糖含量均低于X16组发酵刺梨果酒。因此，产β－葡萄糖苷酶C4组、E3组具有降低刺梨果酒酸度与糖度特性。这与Ye等研究结果较为一致，他们采用纯种异常威克汉姆酵母发酵的苹果酒（Cider）、异常威克汉姆酵母与*S. cerevisiae*混合发酵的苹果酒的总酸含量也低于对照组（商业化酿酒酵母）[53]。

表6－4　不同发酵方式生产的刺梨果酒理化参数

组别	乙醇体积分数（%）	pH	总糖（g/L）	总酸（g/L）	挥发酸（g/L）
X16组	12.1 ±0.14	3.20 ±0.03	12.59 ±0.07	3.69 ±0.02	0.70 ±0.02
C4组	11.9 ±0.25	3.43 ± 0.02*	9.88 ±0.05*	3.42 ±0.05*	0.62 ±0.02*
E3组	11.6 ±0.33	3.43 ±0.03*	9.73 ±0.02*	3.46 ±0.02*	0.61 ±0.02*
X16＋C4组	11.9 ±0.21	3.41 ±0.02*	9.81 ±0.03*	3.41 ±0.05*	0.64 ±0.02*
X16＋E3组	11.8 ±0.12	3.43 ±0.02*	9.91 ±0.04*	3.46 ±0.06*	0.62 ±0.02*

注：*表示 $P<0.05$，指与X16组相比较。

2. 刺梨果酒电子感官特性

如图6－20所示，不同发酵方式生产的刺梨果酒电子感官特性在咸味、苦味、涩味、回味－A、回味－B、鲜味、丰富度之间没显著性区别。X16组发酵的刺梨果酒酸度最高。

3. 刺梨果酒挥发性香气特性

采用HS－SPME－GC－MS方法检测不同发酵方式生产的刺梨果酒挥发性香气物质。结果表明，X16菌株发酵的刺梨果酒中仅检测到26种挥发性香气物质，种类最少。而利用C4菌株、E3菌株发酵则可增加刺梨

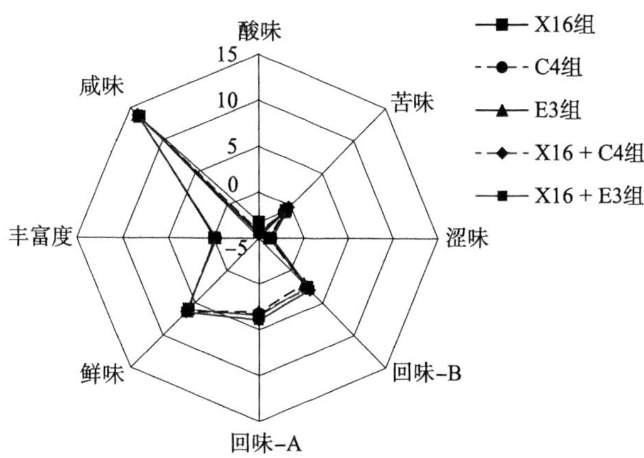

图 6－20　不同发酵方式生产的刺梨果酒滋味属性

果酒的挥发性物质种类，在 C4 组、E3 组、X16 + C4 组、X16 + E3 组发酵的刺梨果酒中分别检测到 46 种、47 种、56 种、48 种挥发性香气物质。

酯类香气物质的含量在异常威克汉姆酵母发酵的刺梨果酒中显著增加，在 E3 组纯种发酵的刺梨果酒中含量最高。乙酸乙酯为各类发酵酒中重要的一类酯类香气物质，具有果香味，如菠萝味[54]。在 X16 组发酵的刺梨果酒中未检测出乙酸乙酯，其余 4 组菌株发酵的刺梨果酒中乙酸乙酯含量均表现出不同程度的增加，C4 组发酵生产的刺梨果酒中乙酸乙酯的含量最高［(33. 84 ±2. 51) mg/L］。乙酸乙酯的阈值为 150 ~ 200 mg/L，过高浓度的乙酸乙酯则对酒体产生不利的影响，使酒体具有腐败气味[26]。接种 C4 组或 E3 组生产的刺梨果酒中乙酸乙酯浓度均为 30 mg/L 左右，对刺梨果酒具有正向调节作用，可增加刺梨果酒中果香特性。

醇类化合物是各类发酵酒中重要的一类化合物，由酵母菌代谢产生[46]。如图 6－21 所示，C4 组、E3 组、X16 + C4 组混合发酵的刺梨果酒中醇类挥发性物质的含量均显著高于单独接种 X16 组发酵的刺梨果酒。

此外，单独接种 C4 组、混合接种 X16 + C4 组发酵的刺梨果酒中其他类挥发性化合物的含量显著增加。

因此，利用 C4 组、E3 组生产刺梨果酒，有助于提高其挥发性酯类、醇类、其他类物质的含量，减少挥发性酸类物质的含量（见图 6－21）。

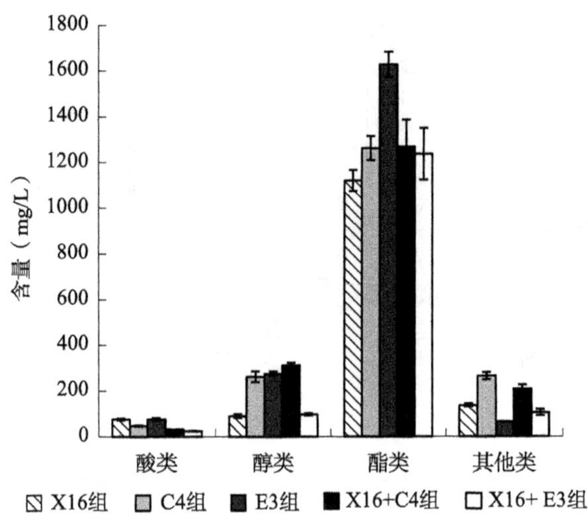

图 6－21　不同发酵方式生产的刺梨果酒中挥发性香气物质的含量

风味化合物的 OAV 值可用来评价其对酒体香气的贡献度，OAV > 1 时，该化合物对酒体香气具有突出贡献度。OAV < 1，则该化合物对酒体香气贡献度不大。如表 6－5 所示，OAV >1 的化合物在 X16 组发酵的刺梨果酒中检测到 12 种，在 C4 组、E3 组、X16＋C4 组发酵的刺梨果酒中各检测出 18 种，而在接种 X16＋E3 组发酵刺梨果酒中检测出 16 种。接种异常威克汉姆酵母菌发酵刺梨果酒中的芳樟醇、正己醇、乙酸己酯、乙酸异戊酯、乙酸乙酯等香气物质的 OAV 值显著大于接种 X16 组发酵的刺梨果酒，乳酸乙酯化合物的 OAV 值则显著则降低。

表 6－5　不同发酵方式生产的刺梨果酒主要风味化合物 OAV 值

序号	挥发性香气化合物	阈值（mg/L）	OAV				
			X16 组	C4 组	E3 组	X16＋C4 组	X16＋E3 组
1	己酸	3	0.91	1.18	1.33	0.81	0.68
2	辛酸	10	2.01	2.33	3.04	1.95	1.43
3	癸酸	6	3.66	3.45	3.07	1.45	1.05

续表

序号	挥发性香气化合物	阈值（mg/L）	OAV				
			X16 组	C4 组	E3 组	X16 + C4 组	X16 + E3 组
4	异丁醇	75	0. 12	0. 23	0. 20	0. 22	/
5	芳樟醇	0. 02	/	41. 30	58	36. 75	50. 25
6	苯乙醇	10	6. 61	6. 03	6. 90	8. 17	6. 30
7	正己醇	1. 10	/	8. 07	5. 90	6. 74	4. 46
8	正癸醇	0. 40	8. 33	/	17. 12	4. 31	/
9	异戊醇	60	/	2. 62	/	3. 14	/
10	正辛醇	0. 80	/	/	2. 65	1. 66	1. 63
11	乙酸己酯	0. 67	/	12. 03	21. 56	14. 46	22. 21
12	乙酸异丁酯	1. 60	0. 98	1. 23	1. 35	1. 66	1. 29
13	乙酸异戊酯	0. 16	382. 31	543. 79	515. 93	570. 19	508. 56
14	乙酸苯乙酯	1. 80	7. 63	5. 91	9. 75	9. 06	8. 09
15	乙酸乙酯	12	/	2. 82	1. 85	2. 54	2. 07
16	丁酸乙酯	0. 08	27. 8	27. 15	22. 88	33. 23	27. 26
17	己酸乙酯	0. 08	516. 61	668. 51	585. 78	591. 99	482. 20
18	辛酸乙酯	0. 58	837. 62	1054. 66	1031. 97	932. 42	761. 21
19	癸酸乙酯	0. 50	954. 99	732. 26	1066. 86	897. 37	722. 68
20	乳酸乙酯	3. 50	8. 43	7. 46	/	/	/
21	肉桂酸乙酯	0. 01	611. 8	804	684. 50	751. 20	814

注："/" 表示未检测到。

三、讨论

β－葡萄糖苷酶因其在芳香化合物释放中发挥着重要作用，在许多酿酒相关酵母菌中被广泛研究[55]。但对刺梨产 β－葡萄糖苷酶酵母菌的研究还非常少。著者从刺梨果实中筛选出了一株产 β－葡萄糖苷酶野生酵母 C4 菌株，并进行了鉴定。形态学与分子生物学鉴定表明，C4 菌株是一株异常威克汉母酵母。化学诱变法对该菌株进行了化学诱变，得到一株高产 β－

葡萄糖苷酶突变菌株 E3。为进一步分析 β - 葡萄糖苷酶酵母菌对刺梨果酒品质的影响，将 C4 菌株或 E3 菌株与 X16 菌株进行混合发酵。结果发现，接种 C4 菌株可以提高刺梨果酒挥发性香气的丰富度和复杂性。研究表明，β - 葡萄糖苷酶有助于释放更多的游离态萜烯类化合物。然而，在 C4 菌株生产的刺梨果酒中只发现了一种萜烯类化合物（芳樟醇）。其原因可能有：①通常情况下果汁中的糖类物质对 β - 葡萄糖苷酶具有抑制作用。研究发现，5% 的葡萄糖溶液对 C4 菌株的 β - 葡萄糖苷酶活性具有很强的抑制作用，相对活性保持在 50% 左右。②C4 菌株的 β - 葡萄糖苷酶活性仅为 X16 菌株的 1.65 倍，其 β - 葡萄糖苷酶水解 β - 葡萄糖苷键的能力并未明显增强。未来可考虑采用基因工程或诱变育种方法提高 C4 菌株的 β - 葡萄糖苷酶水解能力。③C4 菌株的 β - 葡萄糖苷酶定位尚不清楚。

异常威克汉姆酵母在自然界中广泛存在，并从不同的环境中被分离出来。据报道，异常威克汉姆酵母是一种很好的乙酸酯类化合物的生产者。在本节研究中，X16 菌株发酵的刺梨果酒中未检测到乙酸乙酯，纯种 C4 菌株、与 X16 菌株和 C4 菌株混合发酵的刺梨果酒中检测到乙酸乙酯含量分别为（33.82 ±1.10）mg/L 和（30.52 ±2.97）mg/L。此外，异常威克汉姆酵母还能产生具有果香味的乙酸酯等挥发物，对葡萄酒的香气有积极的影响。在 C4 菌株发酵的刺梨果酒中发现的乙酸异戊酯、已酸乙酯、辛酸乙酯和肉桂酸乙酯的浓度均高于 X16 菌株。

综上所述，从刺梨果实中筛选出了一株产 β - 葡萄糖苷酶野生酵母菌，被鉴定为异常威克汉姆酵母。其产 β - 葡萄糖苷酶的最适温度为 40 ℃，最适 pH 为 5.0。超过 10% 的乙醇体积分数对 β - 葡萄糖苷酶活性有抑制作用。经化学诱变得到的产 β - 葡萄糖苷酶性能稳定，酶活为（55.05 ±0.74）U/L 的突变菌株 E3。在刺梨果酒发酵过程中，β - 葡萄糖苷酶表现出前期逐渐增大，于第 10 天达到最大值，后期迅速降低的特性。C4 菌株、E3 菌株发酵生产的刺梨果酒中酸度值降低，总糖含量降低，挥发性酯类、醇类物质的种类和含量增加，主要香气成分 OAV 增大。因此，采用产 β - 葡萄糖苷酶异常威克汉姆酵母菌株生产的刺梨果酒，香气特性、复杂性及丰富度均增加。

参考文献

[1] 姚瑶，刘庆，刘福，等. β－葡萄糖苷酶的性质及其在食品加工中的应用研究进展［J］. 贵州农业科学，2018，46（2）：132－135.

[2] 周立华，李艳. 自选高产 β－D－葡萄糖苷酶酿酒酵母 KDLYS9－16 的酿酒性能［J］. 食品科学，2017，38（6）：123－129.

[3] 李庆华. 高产 β－葡萄糖苷酶酿酒酵母的筛选及其发酵特性的研究［D］. 杨凌：西北农林科技大学，2009.

[4] 侯晓瑞. 甘肃河西走廊葡萄酒产区产 β－葡萄糖苷酶酵母菌株的筛选［D］. 兰州：甘肃农业大学，2014.

[5] 张敏，李佳益，倪永清，等. 产 β－葡萄糖苷酶非酿酒酵母的筛选及酶学特性研究［J］. 中国酿造，2016，35（5）：97－101.

[6] 徐建坤. 产 β－葡萄糖苷酶酵母菌的分离鉴定及特性研究［D］. 石河子：石河子大学，2019.

[7] 王玉霞. 阿氏丝孢酵母（*Trichosporon asahii*）β－葡萄糖苷酶及葡萄糖苷类风味物质水解机制的研究［D］. 无锡：江南大学，2012.

[8] 蒋文鸿. 昌黎与济源产区高产 β－葡萄糖苷酶野生非酿酒酵母的筛选及鉴定［D］. 杨凌：西北农林科技大学，2014.

[9] 王佳，胡兰兰，张军翔，等. 高产 β－葡萄糖苷酶野生酵母的筛选及产酶能力差异性分析［J］. 中国酿造，2018，37（2）：50－53.

[10] 王凤梅，张邦建，岳泰新. 葡萄酒相关酵母 β－葡萄糖苷酶活性及影响因素研究［J］. 中国酿造，2018，37（7）：83－87.

[11] 马得草，游灵，李爱华，等. 高产 β－葡萄糖苷酶野生酵母的快速筛选及其糖苷酶酿造适应性研究［J］. 西北农林科技大学学报（自然科学版），2018，46（1）：129－135.

[12] 彭璐，明红梅，陶敏，等. 樱桃酒酿造用产香酵母的筛选及其特征香气成分分析［J］. 中国酿造，2020，39（11）：36－42.

[13] 张俊杰，尚益民，彭姗姗，等. 产香酵母的筛选及其苹果酒发酵特性［J］. 中国酿造，2019，38（8）：31－35.

[14] 赵海霞，华惠敏，吴桂君. 野生苹果酒产香酵母的分离及筛选［J］. 中国酿造，

2014，33（6）：119－122.

[15] 丁旭. 芒果酒产香酵母优选与发酵工艺优化［D］. 杨凌：西北农林科技大学，2014.

[16] 古其会，刘四新，李从发. 番木瓜酒产香酵母的筛选与鉴定［J］. 食品科学，2013，34（21）：193－197.

[17] 申彤，陈红征，杨洁. 哈密瓜酒产香酵母的筛选及特性研究［J］. 酿酒科技，2004（3）：36－38.

[18] 庞博，王晓丹，魏燕龙，等. 金沙窖酒酒醅中产香酵母分离与鉴定［J］. 中国酿造，2014，33（12）：42－46.

[19] 王晓丹，庞博，陈孟强，等. 酱香白酒酒醅中产香酵母分离与鉴定［J］. 食品安全质量检测学报，2014，5（6）：1799－1808.

[20] 吕枫，赵兴秀，李仕鲁，等. 酱香型白酒窖醅中耐高温产香酵母的筛选及性能研究［J］. 中国酿造，2020，39（11）：43－47.

[21] 郭林青，朴永革，朱春阳，等. 烟草产香酵母 YG－4 的筛选鉴定及香气成分分析［J］. 轻工学报，2019，34（5）：27－31.

[22] 胡志忠，姜宇，龙章德，等. 利用产香酵母发酵技术改善烟叶品质［J］. 食品与机械，2018，34（11）：200－204.

[23] 许春平，孟丹丹，冉盼盼，等. 产香酵母发酵处理烟草花蕾条件优化及烟用香料制备研究［J］. 湖北农业科学，2018，57（1）：100－103，111.

[24] 杜雯，王中伟，孟凡冰，等. 酱油酿造用产香酵母的选育研究进展［J］. 中国调味品，2019，44（11）：179－182.

[25] 孟凡冰，王中伟，李云成，等. 酱曲中耐盐产香酵母的分离及其发酵特性（英文）［J］. 食品科学，2020，41（24）：31－38.

[26] 李碧菲. 产香酵母的选育和在酱油生产中的应用［J］. 北京农业，2011（12）：64－65.

[27] 孙中贯，刘琳，王亚平，等. 酿酒酵母高级醇代谢研究进展［J］. 生物工程学报，2021，37（2）：429－447.

[28] 江森，王欢，何亚辉，等. 乙醛脱氢酶基因过表达酿酒酵母在黄酒中降高级醇作用［J］. 中国酿造，2020，39（12）：153－159.

[29] 朱玉章，王俊人，李西子，等. 低高级醇石榴酒的酵母筛选及发酵工艺优化［J］. 现代食品科技，2021，37（4）：64－71.

［30］孙时光，左勇，张晶，等. 一株低产高级醇桑葚果酒酵母的分离、鉴定［J］. 食品工业科技，2019，40（1）：121－126.

［31］刘学强，钱泓，周正，等. 低产高级醇葡萄酒酵母菌株的筛选［J］. 食品与发酵工业，2016，42（3）：73－78.

［32］魏运平. 低产高级醇猕猴桃酒酵母菌株的筛选［D］. 无锡：江南大学，2004.

［33］王鹏银，郝欣，郭学武，等. 离子注入诱变选育低产高级醇酿酒酵母菌株［J］. 酿酒科技，2008（2）：17－21，26.

［34］朱莉娜，程殿林，尹明浩，等. 微波诱变选育低产高级醇啤酒酵母菌株［J］. 青岛大学学报（工程技术版），2011，26（2）：79－84.

［35］凌猛，曹磊，祖国仁. 紫外诱变筛选高耐性低产高级醇优良啤酒酵母及其高浓发酵后啤酒风味的研究［J］. 食品工业，2011，32（6）：9－12.

［36］郑楠. 低产高级醇酿酒酵母菌株的构建及应用研究［D］. 天津：天津科技大学，2018.

［37］张倩茹，殷龙龙，尹蓉，等. 果酒主要成分及其功能性研究进展［J］. 食品与机械，2020，36（4）：226－230，236.

［38］祖瑗，钟小祥，李进强，等. 我国几种特色果酒专用酵母的研究进展［J］. 中国酿造，2019，38（4）：11－16.

［39］刘永衡，华惠敏，吴桂君，等. 果酒酵母选育及酵母对香气成分影响的研究进展［J］. 中国酿造，2013，32（10）：5－8.

［40］刘晓柱，李银凤，于志海，等. 刺梨自然发酵过程中非酿酒酵母多样性分析［J］. 微生物学报，2020，60（8）：1696－1708.

［41］崔艳，刘尚，邓琪缘，等. 葡萄汁有孢汉逊酵母与酿酒酵母混酿低醇葡萄酒［J］. 食品工业，2020，41（8）：60－64.

［42］窦国霞，蒋春号，郭虹娜，等. 葡萄汁有孢汉逊酵母对采后草莓灰霉病抗性诱导机理研究［J］. 园艺学报，2019，46（7）：1290－1302.

［43］剧柠，赵梅梅，柯媛，等. 枸杞果酒用非酿酒酵母的分离筛选及香气成分分析［J］. 食品与发酵工业，2017，43（11）：125－131.

［44］MORALES M L，OCHOA M，VALDIVIA M，et al. Volatile metabolites produced by different flor yeast strains during wine biological ageing［J］. Food Research International，2020，128（2）：108771.

［45］YE M，YUE T，YUAN Y. Effects of sequential mixed cultures of *Wickerhamomyces* anomalus and *Saccharomyces cerevisiae* on apple cider fermentation [J]. Fems Yeast Research, 2014, 14 (6): 873-882.

[46] SCHNEIDER J, RUPP O, TROST E, et al. Genome sequence of *Wickerhamomyces anomalus* DSM 6766 reveals genetic basis of biotechnologically important antimicrobial activities [J]. FEMS Yeast Research, 2012, 12 (3): 382-386.

[47] PADILLA B, GIL J V, MANZANARES P. Challenges of the non-conventional yeast *Wickerhamomyces anomalus* in winemaking [J]. Fermentation, 2018, 4 (3): 68.

[48] FAN G, TENG C, XU D, et al. Enhanced production of ethyl acetate using co-culture of *Wickerhamomyces anomalus* and *Saccharomyces cerevisiae* [J]. Journal of Bioscience and Bioengineering, 2019, 128 (5): 564-570.

[49] 谢丹，刘晓燕，毕远林，等. 基于高通量测序分析刺梨果渣自然发酵过程中细菌群落结构及多样性 [J]. 食品工业科技，2019，40 (22)：110-114.

[50] 温智慧，李敬知，冯瑞琪，等. EMS诱变高异丁醇耐受性酿酒酵母的筛选 [J]. 中国酿造，2018，37 (10)：66-71.

[51] OIV. Compendium of international methods for wine and Musts analysis [R]. Paris, 2019 (1).

[52] 王婧，张莉，张宏海，等. 产β-葡萄糖苷酶酿酒酵母菌株的化学诱变选育及产酶条件优化 [J]. 食品工业科技，2016，37 (9)：139-146.

[53] YE M, YUE T, YUAN Y. Effects of sequential mixed cultures of *Wickerhamomyces anomalus* and *Saccharomyces cerevisiae* on apple cider fermentation [J]. FEMS Yeast Research, 2014, 14 (6): 873-882.

[54] PÉREZ-TORRADO R, BARRIO E, QUEROL A. Alternative yeasts for winemaking: *Saccharomyces* non-*cerevisiae* and its hybrids [J]. Critical Reviews in Food Science and Nutrition, 2018, 58 (11): 1780-1790.

[55] 刘晓柱，张远林，黎华，等. β-葡萄糖苷酶在酒类酿造中研究进展 [J]. 中国酿造，2020，39 (6)：8-12.

第七章　刺梨野生酵母菌对果酒品质特性的影响

果酒是指以如葡萄、梨子、山楂、哈密瓜、猕猴桃等水果为原料，经破碎、榨汁、浸泡而制成的低度饮料酒[1]。果酒酒精含量通常在12°左右，主要成分为乙醇，同时还保留了原来水果的各种营养物质，如糖类、氨基酸、矿物质、维生素等[2]。与以粮食为原料生产的蒸馏酒比较，果酒既保留了原水果中的各种芳香味道，也包含了酒的醇美，营养价值较高。果酒的酒精度较低，有促进血液循环、调节新陈代谢、预防心血管疾病的功效。同时果酒里含有的酚类物质有抗氧化的功效[3]。

第一节　果酒概述

一、果酒发展现状与前景

20世纪末，我国就对酿酒行业进行了产业调整，明确了未来发展的方针："优质、低度、低耗、多品种、高效益"。同时还提出了4个转变：①积极实施蒸馏酒向酿造酒的转变；②高度酒向低度酒的转变；③粮食酒向果露酒的转变；④普通酒向优质酒、营养酒的转变。还提出了酒类生产应以市场的需求为发展导向，以节约粮食、满足各类消费者的需求为目标，重点发展的酒类是水果酒和葡萄酒，积极发展的酒类是黄酒，稳步发展的酒类是啤酒，控制发展的酒类是白酒[4]。

党的十九大报告指出，中国人的饭碗要牢牢地掌握在中国人自己的手上，粮食安全事关国民大计。果酒作为一种新型的产业、清洁的产业和节能的产业，未来市场占有率将越来越大，前途和发展势头较好。2015 年，我国果酒的市场总规模达到 1396 亿元，非葡萄酒的果酒市场规模为 140. 8 亿元，占整个市场的 10. 1%，且呈现出逐步扩大发展的态势[5]。

2017 年，贵州茅台（集团）生态农业产业发展有限公司率先推出茅台悠蜜果酒，引爆了市场，随后，越来越多的酿酒企业投入到果酒产业中。从传统果酒的小范围带动，到酒业巨头的参与，果酒的市场和产业不断壮大，影响力也越来越高。

果酒作为世界畅销型产品，在世界饮料酒中占 20% ~25% 的市场，其中葡萄酒是产量最大的产品，其次是苹果酒。德国的李子酒、日本的梅子酒也比较出名。

近年来，欧美大力提倡采用梨子、樱桃等原料酿造果酒，在市场上也取得了较大的成功，随着科学技术的不断发展，新的技术也越来越多地被应用于果酒产业，极大地促进了果酒产业的发展。

二、果酒的生产工艺

技术和工艺是影响产品质量的重要因素，果酒生产需要新兴技术和工艺的支持[6]，需要专业人员和团队的技术服务，以确保果酒产品质量过硬，满足市场需求。目前，果酒生产通常采用的生产工艺都是借鉴葡萄酒的酿造工艺。一般工艺流程为[7]：

原料—清洗—去皮、破碎—均质、护色—果胶酶处理—添加 SO_2—调整糖度、pH—酵母扩培—酒精发酵—调味—过滤—陈酿—澄清、过滤—灌装—成品—市场

果实根据其果皮的来源和性质可以为仁果、核果、浆果、聚合果以及聚花果等[8]。而葡萄属于浆果类，因此，不对酿造果酒的水果进行分类，一味地采用浆果的生产方式，肯定是不合适的。特色果酒生产核心内容是

“实事求是”，需要根据水果的类型，选择适合水果自身的生产工艺。

三、果酒的种类

根据酿制方法，果酒可分为发酵型果酒、蒸馏型果酒、配制型果酒3种[9]。

（一）发酵型果酒[10]

以新鲜的水果为原料，经全部发酵而成的发酵果酒，通常酒精度在7°～12°。水果中的含糖量决定了发酵果酒的酒精度，一般含糖量高，发酵的酒精度高，含糖量低，发酵的酒精度低。在生产中，也可通过添加一定比例的糖，来增加原料的糖度，提高发酵果酒的酒精度。

（二）蒸馏型果酒[11]

蒸馏型果酒是在发酵型果酒基础上发展起来的一种生产方式。发酵结束后，通过蒸馏而制成，酒精度数较高，可达30°以上。目前比较成熟的果酒有苹果蒸馏酒。蒸馏果酒使得水果原来的丰富口感缺失，水果的香味也经过多次蒸馏而损失较大。

（三）配制型果酒[12]

采用粮食发酵基酒或者食用酒精加入水果后而形成的带有果香味的酒，又称露酒。配制型果酒是目前市场上比较常见的果酒产品，也是国内外比较流行的果酒生产工艺。配制型果酒工艺简单，可最大程度地保留果酒的风味与色泽，酒精度不等，甜型酒较多。

参考葡萄酒分类，根据果酒中含糖量又可分为干型果酒、半干型果酒、半甜型果酒和甜型果酒4种。含糖量低于或等于4 g/L的果酒为干型，含糖量高于4 g/L、低于或等于12 g/L的果酒为半干型，含糖量高于12 g/L、低于或等于45 g/L的果酒为半甜型，含糖量高于45 g/L的果酒为甜型。

参考葡萄酒分类，根据果酒中二氧化碳含量又可分为平静果酒、起泡果酒。20 ℃、二氧化碳压力小于0.05 MPa的果酒为平静果酒，20 ℃、二氧化碳压力等于或大于0.05 MPa的果酒为起泡果酒。

第二节　接种刺梨野生酵母菌对刺梨果酒品质特性的影响

酵母菌是果酒生产的主要菌种，可将原料中的糖转化为酒精、二氧化碳以及其他风味化合物，包括醇类、酸类、酯类等。不同酵母菌的生理特性具有差异性，因此，不同酵母菌发酵生产的果酒品质特性不同。本节采用自行分离于刺梨上的野生酵母菌发酵刺梨果酒，分析其对刺梨果酒基本理化特性、电子感官特性以及香气特性等果酒品质的影响。

一、原理与方法

（一）材料与菌株

新鲜“贵农5号”刺梨果实，采自贵州龙里地区。

商业化酿酒酵母X16菌株购于法国LAFFORT公司。

刺梨酵母F13、F119、C11菌株分离于“贵农5号”刺梨果实（详见第六章）。

（二）研究方法

1. 菌株的活化

取－80 ℃超低温冰箱保存的X16菌株，刺梨酵母菌F13、F119、C11菌株划线在YPD固体培养基，28 ℃恒温倒置培养48 h。挑取长出的单菌落，继续接种于 YPD 液体培养液，28 ℃、180 r/min 条件下恒温震荡培养 48 h，备用。

2. 发酵刺梨果酒

选取新鲜、成熟的刺梨果实，榨汁，加入 50 mg/L 的 SO_2、200 mg/L 的果胶酶以及 600 mg/L 的二甲基二碳酸盐室温处理 12 h。处理结束后，调整糖度值为 24°Brix，接种酵母。并分为 4 组，①X16 组：单独接种商业化酿酒酵母 X16 菌株，浓度为 10^7 cfu/mL；②X16 + F13 组：共同接种商业化酿酒酵母 X16 菌株和葡萄汁有孢汉逊酵母 F13 菌株，其浓度分别为 10^7 cfu/mL、10^8 cfu/mL；③X16 + F119 组：共同接种商业化酿酒酵母 X16 菌株和葡萄汁有孢汉逊酵母 F119 菌株；④X16 + C11 组：共同接种商业化酿酒酵母 X16 菌株和异常威克汉姆酵母 C11 菌株，其浓度分别为 10^7 cfu/mL、10^8 cfu/mL。各组样品置于 22 ℃恒温培养箱中静置发酵直至发酵结束。

3. 刺梨果酒基本理化指标的检测

采用酒类国际检测分析方法对各组刺梨果酒的乙醇体积分数、总糖、总酸以及挥发酸含量进行测定[13]。利用 pH 分析仪测定刺梨果酒的 pH。

4. 刺梨果酒电子感官指标的检测

量取各组刺梨果酒，加入至电子舌检测烧杯中，按照电子舌系统仪器操作步骤测定各组刺梨果酒电子感官特性，每组样品平行重复 3 次。

5. 刺梨果酒香气成分检测

采用 HS - SPME - GC - MS 方法测定各组刺梨果酒香气成分[14]。美国国家标准与技术研究院（national institute of standards and technology，NIST）标准谱库检索并匹配 GC - MS 采集得到的数据，进行定性分析。以环己酮为内标物，采用内标法进行挥发性香气物质的定量分析。

（三）数据分析

采用软件 SPSS 25.0 对测定的数据进行主成分分析（PCA）和显著性分析。采用软件 Excel 2010 对数据进行处理和作图，采用软件 Adobe Photoshop CS 辅助作图，数据以平均值 ± 标准差形式表示。$P<0.05$ 为差异有统计学意义。

二、结果与分析

（一）X16 + F13 组混合发酵对刺梨果酒品质的影响

1. 刺梨果酒基本理化指标

X16 + F13 组混合发酵刺梨果酒基本理化指标如表 7 – 1 所示。与 X16 组纯种发酵的刺梨果酒相比，X16 + F13 组混合发酵刺梨果酒的 pH、总酸数值较为一致，无显著区别，总糖（残糖量）增大，乙醇体积分数、挥发酸则减小。

表 7 – 1　X16 + F13 组混合发酵刺梨果酒的理化指标对比

组别	乙醇体积分数（%）	pH	总酸（g/L）	总糖（g/L）	挥发酸（g/L）
X16 + F13 组	11.1 ± 0.39*	3.42 ± 0.01	4.00 ± 0.06	20.41 ± 1.44*	0.67 ± 0.03*
X16 组	11.7 ± 0.49	3.42 ± 0.01	4.22 ± 0.06	11.79 ± 0.39	0.71 ± 0.01

注：* 表示 $P<0.05$，指与 X16 组相比较。

2. 刺梨果酒电子感官特性

如图 7 – 1 所示，X16 + F13 组混合发酵的刺梨果酒的咸味、酸味、苦味、涩味、鲜味、丰富度、回味 – A、回味 – B 等电子感官特性与 X16 组纯种发酵的刺梨果酒没有区别。

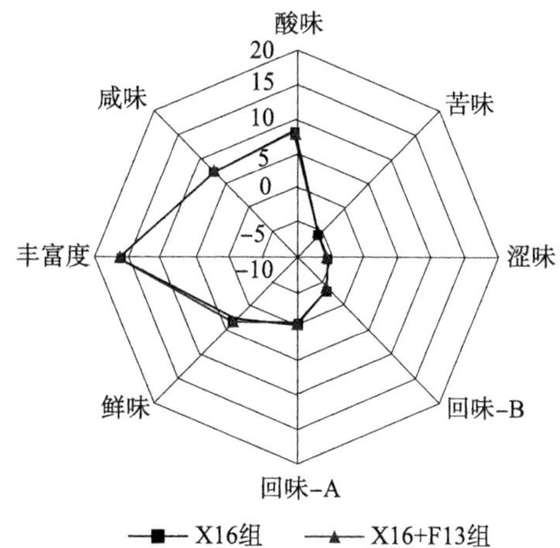

图 7-1　X16+F13 组混合发酵刺梨果酒滋味属性对比

3. 刺梨果酒香气特性

HS-SPME-GC-MS 分析了 X16+F13 组混合发酵刺梨果酒香气物质种类与含量。如图 7-2 所示，两种发酵方式的刺梨果酒中均检测出 41 种香气成分，其中 X16+F13 组混合发酵刺梨果酒中有 15 种酯类、12 种醇类、3 种醛酮类、11 种其他类，X16 组发酵刺梨果酒中有 17 种酯类、11 种醇类、3 种醛酮类、10 种其他类。X16+F13 组菌株混合发酵刺梨果酒中酯类物质的种类减少，醇类物质的种类增加。

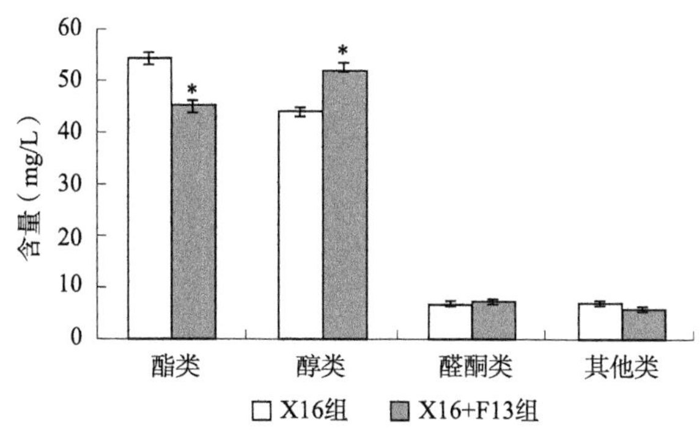

图 7-2　X16+F13 组混合发酵刺梨果酒香气物质种类及含量对比

注：* 表示 $P<0.05$，指与 X16 组相比较。

己酸乙酯、癸酸乙酯、辛酸乙酯、乙酸异戊酯、2－糠酸乙酯是两种刺梨发酵果酒中主要的酯类物质。庚酸甲酯为 X16＋F13 组混合发酵刺梨果酒中所特有香气成分，己酸甲酯、十一酸甲酯、异丁酸乙酯则为 X16 组纯种发酵刺梨果酒中特有香气成分。苯乙醇、正辛醇、正己醇为两种刺梨发酵果酒中主要的醇类物质。

（二）X16＋F119 组混合发酵对刺梨果酒品质的影响

1. 刺梨果酒基本理化指标

X16＋F119 组混合发酵刺梨果酒基本理化指标如表 7－2 所示。与 X16 组纯种发酵的刺梨果酒相比，X16＋F119 组混合发酵刺梨果酒的乙醇体积分数、pH 以及挥发酸与 X16 组纯种发酵的刺梨果酒之间无显著性区别，而总酸、总糖则低于 X16 组纯种发酵的刺梨果酒。

表 7－2　X16＋F119 组发酵刺梨果酒的理化指标对比

组别	乙醇体积分数（%）	pH	总糖（g/L）	总酸（g/L）	挥发酸（g/L）
X16＋F119 组	12.0±0.30	3.45±0.01	5.51±0.48*	3.87±0.07*	0.69±0.05
X16 组	11.3±0.50	3.41±0.01	7.71±0.39	4.22±0.06	0.72±0.02

注：* 表示 $P<0.05$，指与 X16 组相比较。

2. 刺梨果酒电子感官特性

如图 7－3 所示，X16＋F119 组混合发酵的刺梨果酒的咸味、酸味、苦味、涩味、鲜味、丰富度、回味－A、回味－B 等电子感官特性与 X16 组纯种发酵的刺梨果酒没有区别。

3. 刺梨果酒香气特性

如表 7－3 所示，在 X16＋F119 组混合发酵的刺梨果酒中 GC－MS 共检测出包括 4 种酸类、8 种醇类、17 种酯类、4 种酮类、2 种醚类、1 种酚类、1 种醛类、3 种烷烃类在内的 40 种挥发性香气成分。X16＋F119 组混

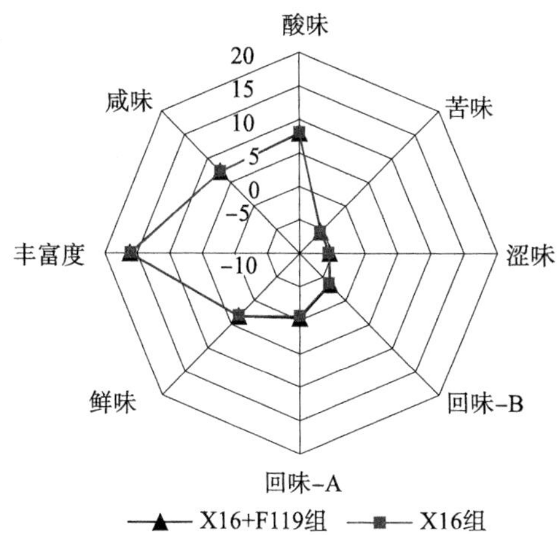

图 7－3　X16＋F119 组混合发酵刺梨果酒滋味属性对比

合发酵的刺梨果酒中醇类、酯类、酚类、醛类的种类减少，酸类、酮类、醚类以及烷烃类挥发性香气物质的种类增加。

X16＋F119 组混合发酵刺梨果酒中挥发性酸类化合物的总量降低，醇类物质的种类与含量均降低，酯类物质种类减少，酯类物质总量没有变化，酮类、酚类、醛类物质含量均降低。

乙酸异戊酯、癸酸乙酯、辛酸乙酯、2－糠酸乙酯、己酸乙酯为两种刺梨发酵果酒中主要的酯类物质，X16＋F119 组混合发酵刺梨果酒中特有酯类物质有 7－氧代二环［3.3.1］壬烷－3－甲酸甲酯、(9Z，12Z，15Z)－9，12，15－三烯十八酸苄酯、N－正己基－2，6－二异丙基氨基甲酸苯酯。

表 7－3　X16＋F119 组混合发酵刺梨果酒挥发性香气物质种类及含量对比

序号	挥发性香气化合物	X16＋F119 组（mg/L）	X16 组（mg/L）	香气特征描述
1	异丁酸	0.85 ±0.11	/	—
2	2－甲基戊酸	0.05 ±0.01	/	—
3	辛酸	0.62 ±0.07	2.47 ±0.34	酸腐、奶酪味、脂肪味
4	2－乙基庚酸	0.09 ±0.03	/	—
酸类总和		1.61 ±0.22 *	2.47 ±0.34	—

续表

序号	挥发性香气化合物	X16 + F119 组（mg/L）	X16 组（mg/L）	香气特征描述
5	正戊醇	0.18 ±0.02	0.09 ±0.03	苦杏仁味、香脂味
6	(2S,3S) -(+) -2,3 - 丁二醇	/	0.06 ±0.01	—
7	己醇	1.58 ±0.14	1.88 ±0.23	青草味、生青味
8	叶醇	2.33 ±0.09	1.83 ±0.20	生青味、脂肪味
9	5 - 甲基 -2 - 己醇	/	0.18 ±0.02	—
10	2,3 - 二甲基 -1 - 丁醇	—	0.73 ±0.06	—
11	辛醇	1.04 ±0.02	2.68 ±0.19	茉莉、柠檬味
12	芳樟醇	0.49 ±0.04	0.56 ±0.06	花香、麝香
13	2 - 壬醇	/	0.54 ±0.05	蜡香、青香、奶油香、橙子香、柑橘香
14	6 - 甲基 -2 - 庚醇	0.17 ±0.01	/	霉味、蘑菇味
15	苯乙醇	29.41 ±1.45	32.72 ±2.14	玫瑰味、蜂蜜味
16	异香叶醇	/	1.18 ±0.17	玫瑰花香
17	2 - 亚甲基 -环戊烷丙醇	0.69 ±0.05	2.31 ±0.13	—
	醇类总和	35.89 ±1.82 *	44.76 ±3.29	—
18	异丁酸乙酯	/	0.23 ±0.03	水果香
19	乙酸异丁酯	0.40 ±0.03	0.20 ±0.03	—
20	丁酸乙酯	0.57 ±0.07	0.41 ±0.10	菠萝、香蕉、苹果香
21	乙酸异戊酯	9.37 ±0.75	8.83 ±0.98	香蕉香
22	2 - 甲基丁基乙酸酯	1.10 ±0.10	1.10 ±0.09	—
23	戊酸乙酯	/	0.24 ±0.03	水果香
24	己酸甲酯	/	0.17 ±0.02	—
25	己酸乙酯	7.14 ±0.54	8.83 ±0.91	甜香、水果香、窖香
26	4 - 己烯酸乙酯	0.37 ±0.04	0.33 ±0.02	—
27	2 - 糠酸乙酯	1.90 ±0.17	1.41 ±0.15	—
28	辛酸甲酯	0.24 ±0.03	1.4 ±0.16	柑橘香
29	苯甲酸乙酯	1.03 ±0.09	0.72 ±0.08	樱桃香、葡萄香、依兰香

续表

序号	挥发性香气化合物	X16 + F119 组（mg/L）	X16 组（mg/L）	香气特征描述
30	辛酸乙酯	24.92 ±1.96	24.09 ±2.57	香蕉香、梨子香、花香
31	乙酸苯乙酯	1.71 ±0.21	1.22 ±0.18	水果香、玫瑰花香
32	壬酸乙酯	0.32 ±0.08	0.42 ±0.03	玫瑰花香、水果香、酒香
33	(9Z,12Z,15Z) -9,12,15 -三烯十八酸苄酯	0.86 ±0.05	/	—
34	十一酸甲酯	/	0.22 ±0.04	—
35	7 - 氧代二环［3.3.1］壬烷 -3 - 甲酸甲酯	0.28 ±0.01	/	—
36	丁二酸（环己 -2 - 烯基）甲基异丁基酯	/	0.21 ±0.02	—
37	癸酸乙酯	4.78 ±0.36	4.61 ±0.57	葡萄香、水果香、脂肪香
38	N - 正己基 -2,6 - 二异丙基氨基甲酸苯酯	0.11 ±0.03	/	—
39	5 - 羟基 -2′,4′ - 二叔丁基戊酸苯酯	/	0.17 ±0.03	—
40	月桂酸乙酯	0.09 ±0.00	0.19 ±0.02	脂肪味、果香
	酯类总和	55.19 ±4.52	55 ±6.06	—
41	苯乙酮	0.16 ±0.02	/	山楂香
42	2 - 壬酮	0.16 ±0.01	0.04 ±0.00	水果香、花香、油脂香、药草香
43	甲基庚烯酮	0.27 ±0.04	/	柠檬草香
44	2H - 吡喃 -2,6(3H) - 二酮	1.90 ±0.21	5.40 ±0.40	—
	酮类总和	2.49 ±0.28 *	5.44 ±0.40	—
45	呋喃酮甲醚	0.59 ±0.08	—	—

续表

序号	挥发性香气化合物	X16 + F119 组（mg/L）	X16 组（mg/L）	香气特征描述
46	玫瑰醚	/	0.24 ±0.01	清甜花香
47	乙二醇苯醚	0.61 ±0.08	/	—
	醚类总和	1.2 ±0.16*	0.24 ±0.01	—
48	2,6-二叔丁基对甲基苯酚	0.88 ±0.10	1.21 ±0.23	—
49	顺式-甲基异丁香油酚	/	0.20 ±0.11	—
	酚类总和	0.88 ±0.10*	1.41 ±0.34	—
51	2,4-二甲基苯甲醛	0.17 ±0.03	0.71 ±0.09	—
51	乙基异戊基乙缩醛	/	0.88 ±0.05	—
	醛类总和	0.17 ±0.03*	1.59 ±0.14	—
52	3-甲氧基戊烷	0.13 ±0.04	/	—
53	1-（1-乙氧基乙氧基）戊烷	0.78 ±0.12	/	—
54	2-烯丙基二环［2.2.1］庚烷	0.13 ±0.06	/	—
	烃类总和	1.04 ±0.22*	/	—

注，“/”表示未检测到；“—”表示无；* 表示 $P<0.05$，指与 X16 组相比较。

（三）X16 + C11 组混合发酵对刺梨果酒品质的影响

1. 刺梨果酒基本理化指标

X16 + C11 组混合发酵刺梨果酒基本理化指标如表 7-4 所示，与 X16 组纯种发酵的刺梨果酒相比，X16 + C11 组混合发酵刺梨果酒的乙醇体积分数增加，而总糖、挥发酸含量则显著降低。

表 7－4　X16＋C11 组混合发酵刺梨果酒的理化指标对比

组别	乙醇体积分数（%）	pH	总糖（g/L）	总酸（g/L）	挥发酸（g/L）
X16＋C11 组	10.8±0.17	3.40±0.02	9.44±0.42	4.22±0.06	0.72±0.02
X16 组	11.8±0.19*	3.41±0.01	7.41±0.29*	4.11±0.30	0.62±0.07*

注：* 表示 $P<0.05$，指与 X16 组相比较。

2. 刺梨果酒电子感官特性

如图 7－4 所示，X16＋C11 组混合发酵的刺梨果酒的咸味、苦味、涩味、鲜味、丰富度、回味－A、回味－B 电子感官特性与 X16 组纯种发酵的刺梨果酒没有区别，酸味值低于 X16 组纯种发酵刺梨果酒。

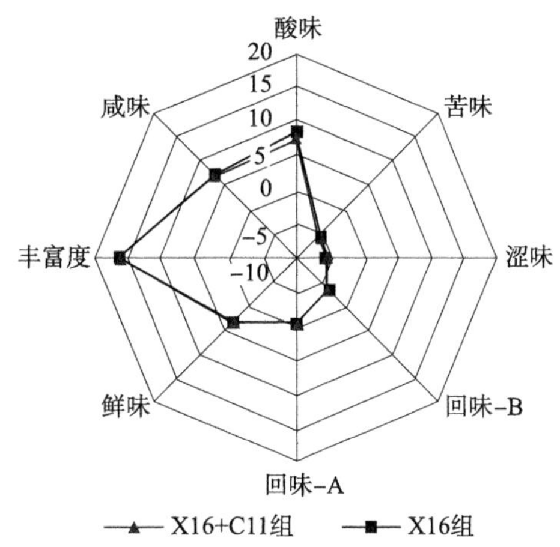

图 7－4　X16＋C11 组混合发酵刺梨果酒滋味属性对比

3. 刺梨果酒香气特性

如表 7－5 所示，在 X16＋C11 组混合发酵的刺梨果酒中 GC－MS 共测定出包括 3 种酸类、12 种醇类、20 种酯类、7 种其他类在内的 42 种挥发性香气成分。X16＋C11 组混合发酵的刺梨果酒中挥发性酸类物的种类减少，挥发性醇类、酯类及其他类化合物种类增加。X16＋C11 组混合发酵刺梨果酒中挥发性酸类化合物的总量降低，挥发性醇类、酯类及其他类化合物的含量显著增加。因此，利用 X16＋C11 组混合发酵刺梨果酒可降低刺梨果酒的酸度，增加刺梨果酒中挥发性香气化合物的种类与含量，有助于增加刺梨果酒香气的复杂度。

表 7-5　X16 + C11 组混合发酵刺梨果酒香气物质种类及含量对比

序号	挥发性香气化合物	X16 + C11 组（mg/L）	X16 组（mg/L）
1	乙酸	/	21.64 ±0.78
2	异丁酸	0.91 ±0.06	0.95 ± 0.07
3	辛酸	3.26 ±0.30	2.54 ±0.21
4	葵酸	0.53 ±0.04	0.47 ±0.02
酸类总和		4.7 ±0.40 *	25.60 ±1.08
5	环丁醇	0.08 ±0.00	/
6	2,3-丁二醇	0.15 ±0.01	/
7	异丁醇	11.49 ±1.02	7.85 ±0.53
8	芳樟醇	0.78 ±0.05	/
9	苯乙醇	42.22 ±2.16	32.71 ±2.45
10	（Z）-己烯醇	2.41 ±0.12	2.87 ±0.27
11	正己醇	2.96 ±0.17	/
12	2-庚醇	0.28 ± 0.01	/
13	正辛醇	3.55 ±0.24	/
14	正壬醇	1.82 ±0.16	/
15	2-壬醇	0.96 ±0.07	0.54 ± 0.06
16	异香叶醇	2.04 ±0.11	1.18 ±0.17
醇类总和		68.74 ±4.12 *	45.15 ±3.48
17	癸酸甲酯	0.48 ±0.02	/
18	己酸甲酯	0.40 ±0.03	0.15 ±0.01
19	辛酸甲酯	2.33 ±0.15	1.40 ±0.13
20	乙酸 2-甲基异丁酯	1.34 ±0.01	1.10 ±0.08
21	乙酸己酯	7.66 ±0.57	/
22	乙酸异丁酯	0.77 ±0.05	0.24 ±0.03
23	乙酸异戊酯	11.05 ±0.97	9.12 ±0.10
24	乙酸苯乙酯	2.33 ±0.20	1.73 ±0.08
25	乙酸乙酯	29.36 ±2.87	/
26	苯甲酸乙酯	0.69 ±0.05	0.72 ±0.08
27	丁酸乙酯	0.52 ±0.04	0.67 ±0.04

续表

序号	挥发性香气化合物	X16 + C11 组（mg/L）	X16 组（mg/L）
28	葵酸乙酯	5.13 ±0.38	4.57 ±0.42
29	辛酸乙酯	23.83 ±2.17	24.66 ±2.15
30	2 - 糠醛乙酯	1.83 ±0.09	1.45 ±0.14
31	己酸乙酯	8.86 ±0.56	8.74 ±0.82
32	月桂酸乙酯	0.31 ±0.02	0.21 ±0.02
33	壬酸乙酯	0.54 ±0.03	0.41 ±0.06
34	3 - 羟基月桂酸乙酯	0.18 ±0.01	/
35	戊酸乙酯	0.18 ±0.01	0.25 ±0.04
酯类总和		97.79 ±8.23 *	55.42 ±4.10
36	5 - 羟基 - 2′,4′ - 二叔丁基戊酸苯酯	0.28 ±0.01	/
37	乙基异戊基乙缩醛	0.88 ±0.06	0.88 ±0.05
38	2,4 - 二甲基苯甲醛	1.31 ±0.12	0.71 ±0.04
39	2H - 吡喃 - 2,6(3H) - 二酮	10.11 ±0.84	5.43 ±0.06
40	2 - 壬酮	0.51 ±0.03	0.06 ±0.00
41	甲基丁香酚	0.33 ±0.02	/
42	2,6 - 二叔丁基对甲基苯酚	2.07 ±0.19	1.24 ±0.15
43	玫瑰醚	0.21 ±0.02	0.24 ±0.01
其他类		15.42 ±1.28 *	8.56 ±0.31

注，“/”表示未检测到；* 表示 $P<0.05$，指与 X16 组相比较。

三、讨论

目前刺梨果酒酿造普遍缺乏分离于刺梨水果本身的优质野生酵母菌，且刺梨野生酵母菌对刺梨果酒品质特性的影响还未知。因此，我们将分离的刺梨野生酵母 F13、F119、C11 菌株通过与商业化酿酒酵母 X16 菌株共同接种方式，混合发酵刺梨果酒，从果酒的基本理化特性、电子感官特性以及香气特性等方面，来评价各菌株的发酵性能。结果表明，采用葡萄汁有孢汉逊酵母 F13 菌株和 F119 菌株分别与 X16 菌株混合发酵的刺梨果酒挥发酸含量降低，电子感官特性差异不大，挥发性香气成分的种类与含量均与单独的酿酒酵母存在差异性，复杂度增加。而采用异常威克汉姆酵母C11 菌株与商业化酿酒酵母 X16 菌株混合发酵的刺梨果酒的基本理化参数变化较大，包括乙醇体积分数、总糖、挥发酸等，香气成分中的挥发性醇类、酯类、其他类化合物的种类与含量均显著高于商业化酿酒酵母 X16 菌株发酵的刺梨果酒。因此，后续研究应进一步比较该菌株发酵生产的其他类果酒，评价该酵母菌株的酿造学性能。

本节仅采用了共同接种的方式发酵刺梨果酒，顺序接种对刺梨果酒品质的影响还未知。此外，著者也仅分析了刺梨野生酵母与酿酒酵母按照 10∶1 的比例接种发酵的刺梨果酒。那么其他比例的接种方式对刺梨果酒品质的影响如何？需要进一步的分析。

第三节　接种刺梨野生酵母菌对空心李果酒品质特性的影响

空心李（*Prunus salicina* Lindl. cv Kongxinli）是一种主要分布于重庆、贵州以及湖北的水果，因其果肉与果核分离而得名[15]。目前，空心李鲜果保鲜技术还不成熟，成熟的空心李货架期较短，保鲜难度较大[16]。因此，可将其鲜果通过酵母菌的发酵，加工成空心李果酒。但对空心李发酵产品的研究还比较少，如酵母菌的筛选、发酵工艺优化等。

本节研究将自行分离于刺梨果实上的异常威克汉姆酵母 C11 菌株，与商业化酿酒酵母 X16 菌株进行混合发酵空心李果酒，分析该菌株对空心李果酒基本理化指标、电子感官特性以及香气物质特性的影响。

一、原理与方法

（一）材料与菌株

沿河沙子空心李，采自贵州沿河地区。

商业化酿酒酵母 X16 菌株购自法国 LAFFORT 公司。

异常威克汉姆酵母 C11 菌株自行分离于“贵农 5 号”刺梨果实。

（二）研究方法

1. 菌株的活化

取 −80 ℃超低温冰箱保存的商业化酿酒酵母 X16 菌株，异常威克汉姆酵母 C11 菌株划线在 YPD 固体培养基，28 ℃恒温倒置培养 48 h。挑取长出的单菌落，继续接种于 YPD 液体培养液，28 ℃、180 r/min 条件下恒温震荡培养 48 h，备用。

2. 发酵空心李果酒

选取新鲜、成熟的空心李，破碎，加入 50 mg/L 的 SO_2、200 mg/L 的果胶酶以及 600 mg/L 的二甲基二碳酸盐室温处理 12 h。处理结束后，调整糖度值为 24°Brix，接种酵母。并分为 3 组，①X16 组：单独接种商业化酿酒酵母 X16 菌株，浓度为 10^7 cfu/mL；②C11 组：单独接种异常威克汉姆酵母 C11 菌株，浓度为 10^7 cfu/mL；③X16 + C11 组：共同接种商业化酿酒酵母 X16 菌株和异常威克汉姆酵母 C11 菌株，其浓度分别为 10^8 cfu/mL、10^7 cfu/mL。各组样品置于 22 ℃恒温培养箱中静置发酵直至发酵结束。

3. 空心李果酒基本理化指标的检测

采用酒类国际检测分析方法对各组空心李果酒的乙醇体积分数、总糖、总酸以及挥发酸含量进行测定[13]。利用 pH 分析仪测定空心李果酒的 pH。

4. 空心李果酒电子感官指标的检测

量取各组空心李果酒，加入至电子舌检测烧杯中，按照电子舌系统仪器操作步骤测定各组空心李果酒电子感官特性，每组样品平行重复 3 次。

5. 空心李果酒香气成分检测

采用 HS - SPME - GC - MS 方法测定空心李果酒香气成分。NIST 标准谱库检索并匹配 GC - MS 采集得到的数据进行定性分析。以环己酮为内标物，采用内标法进行挥发性香气成分的定量分析。

6. 数据分析

采用软件 SPSS 25.0 对测定的数据进行主成分分析和显著性分析。采用软件 Excel 2010 软件对数据进行处理和作图，采用软件 Adobe Photoshop CS 辅助作图，数据以平均值 ± 标准差形式表示。$P<0.05$ 为差异有统计学意义。

二、结果与分析

（一）不同发酵方式对空心李果酒基本理化指标的影响

如表 7 - 6 所示，采用 C11 组纯种发酵的空心李果酒的乙醇体积分数显著高于 X16 组纯种发酵的空心李果酒，总酸低于 X16 组纯种发酵的空心李果酒。X16 + C11 组混合发酵的空心李果酒的总酸也低于 X16 组纯种发酵的空心李果酒。3 组不同发酵方式生产的空心李果酒的总糖含量方面无显著区别。

表 7 - 6　空心李果酒基本理化指标

组别	乙醇体积分数（%）	总酸（g/L）	总糖（g/L）
X16 组	10.87 ± 0.12	7.79 ± 0.32	4.30 ± 0.30
C11 组	12.05 ± 0.49 *	6.50 ± 0.13 *	3.83 ± 0.20
X16 + C11 组	10.93 ± 0.68	7.13 ± 0.07 #	3.86 ± 0.32

注：* 表示 $P<0.05$，指与 X16 组相比较；# 表示 $P<0.05$，指与 C11 组相比较。

（二）不同发酵方式对空心李果酒电子感官特性的影响

如图 7 – 5 所示，3 组空心李果酒（X16 组、C11 组、X16 + C11 组）电子感官特性包括咸味、酸味、苦味、涩味、鲜味、丰富度、回味 – A、回味 – B 均无显著差异。因此，接种刺梨野生酵母菌 C11 菌株对空心李果酒电子感官特性没有影响。

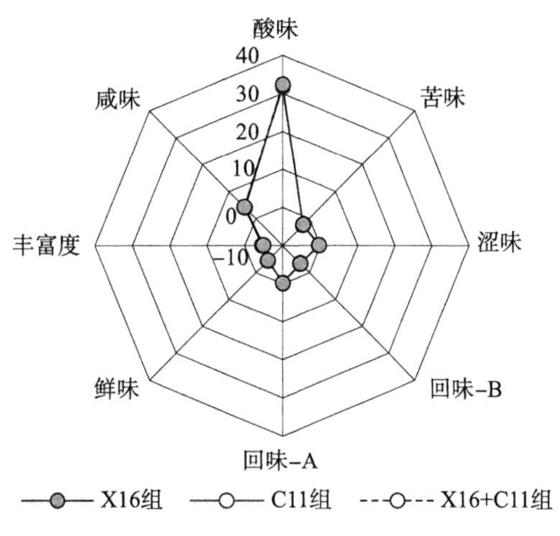

图 7 – 5　3 组空心李果酒感官滋味属性

（三）不同发酵方式对空心李果酒香气特性的影响

1. 挥发性酯类化合物

酯类化合物是各种发酵果酒中重要的呈香与呈味化合物，一般具有花香与水果香[17]。如表 7 – 7 所示，在 3 组空心李果酒中共检测出 24 种挥发性酯类物质，X16 组发酵空心李果酒中有 21 种，C11 组发酵空心李果酒中有 21 种，X16 + C11 组混合发酵空心李果酒中有 19 种。与 X16 组发酵的空心李果酒相比，C11 组发酵的空心李果酒中挥发性酯类化合物的总量显著增加，但 X16 + C11 组发酵空心李果酒未见显著增加。空心李发酵果酒中含量最高的挥发性酯类化合物为葵酸乙酯，在 X16 组、C11 组、X16 + C11 组发酵空心李果酒中所占酯类物质比例分别为39.40%、36.14%、38.74%。己酸甲酯是X16菌株发酵空心李果酒所特有酯类化合物，辛酸异丁酯、己酸异戊酯、乳酸乙酯为C11组发酵空心李果酒特有酯类化合物。

表7-7 不同发酵方式生产的空心李果酒挥发性酯类化合物种类与含量

序号	挥发性香气化合物	香气特征描述	含量（mg/L）		
			X16组	C11组	X16+C11组
1	甲酸乙烯酯	—	5.53±0.38	3.00±0.44	2.24±0.02
2	乙酸乙酯	菠萝、甜果味	53.10±4.55	40.26±1.1	76.48±3.33
3	乙酸异丁酯	水果香	0.48±0.04	0.67±0.05	0.50±0.09
4	乙酸异戊酯	香蕉味	12.73±1.79	10.99±0.82	8.13±0.72
5	丙酸乙酯	水果香	33.76±3.45	27.03±1.81	43.04±0.88
6	丁二酸二乙酯	苹果香、酒香	4.14±0.04	/	4.16±0.02
7	异丁酸乙酯	水果香	40.29±1.28	37.91±0.12	46.31±3.00
8	己酸甲酯	—	0.42±0.02	/	/
9	己酸乙酯	甜香、水果香、窖香	45.76±3.73	29.86±0.03	37.03±0.31
10	己酸异戊酯	苹果香、菠萝香	/	0.82±0.01	/
11	辛酸甲酯	柑橘香	3.21±0.18	2.23±0.18	2.74±0.03
12	辛酸乙酯	香蕉、梨、花香	289.75±7.97	202.56±4.03	251.55±4.18
13	辛酸异丁酯	—	/	0.91±0.03	/
14	壬酸乙酯	玫瑰香、果香、酒香	6.41±0.50	8.12±0.40	9.81±0.08
15	葵酸甲酯	—	5.28±0.27	4.60±0.36	4.63±0.22
16	癸酸乙酯	葡萄、果香、脂肪香	369.56±5.64	408.82±12.68	384.05±9.59
17	葵酸异戊酯	—	3.56±0.01	4.00±0.59	3.49±0.13
18	苯甲酸乙酯	樱桃、葡萄、依兰香	10.71±0.45	21.51±0.50	19.60±0.29
19	9-烯酸乙酯	—	7.38±0.72	2.28±0.13	5.73±0.95
20	月桂酸乙酯	脂肪味、果香	83.49±1.23	75.73±0.86	78.47±1.63
21	棕榈酸乙酯	油味	7.05±0.50	7.88±0.77	9.03±0.29
22	乳酸乙酯	奶油香	/	0.43±0.03	/
23	肉豆蔻酸乙酯	鸢尾油香、油脂味	3.49±0.06	/	4.28±0.23
24	1，7，7-三甲基二环［2.2.1］-2-丙烯酸庚酯	—	2.61±0.34	2.44±0.03	/
总和		—	988.72±33.16	1131.11±38.46*	991.25±26

注：“/”表示未检测到；“—”表示无；* 表示 $P<0.05$，指与X16相比较。

2. 挥发性醇类化合物

醇类化合物是一类对果酒的香型发挥重要作用的次级代谢产物，在酒精发酵过程中由酵母细胞分解氨基酸或糖类物质所产生[18]。如表7-8所示，3组空心李果酒中共检测出15种挥发性醇类化合物，X16组发酵空心李果酒中有9种，C11组发酵空心李果酒中有13种，X16+C11组混合发酵空心李果酒中有10种。3-甲硫基丙醇为X16组发酵空心李果酒中所特有挥发性醇类化合物，6-乙基-3-辛醇、香茅醇、叶醇为C11组发酵空心李果酒中所特有挥发性醇类化合物，葵醇为X16+C11组混合发酵空心李果酒所特有挥发性醇类化合物。与X16组发酵空心李果酒相比，C11组发酵空心李果酒中挥发性醇类化合物总量显著降低。

表7-8 不同发酵方式生产的空心李果酒挥发性醇类化合物种类与含量

序号	挥发性香气化合物	香气特征描述	含量（mg/L）		
			X16组	C11组	X16+C11组
1	甲醇	酒精味	1.69±0.04	1.47±0.13	1.77±0.16
2	丙醇	醇香、水果香	4.95±0.42	4.92±0.33	5.29±0.14
3	3-甲硫基丙醇	—	1.12±0.05	/	/
4	异丁醇	醇香、水果香	22.40±0.79	32.15±2.18	32.94±3.46
5	异戊醇	水果香、花香	352.06±5.03	275.29±15.55	306.26±21.98
6	己醇	青草味、生青味	/	1.56±0.07	1.51±0.03
7	庚醇	柑橘香、油脂气味	2.43±0.19	1.15±0.02	/
8	辛醇	茉莉、柠檬味	/	1.91±0.05	1.68±0.13
9	壬醇	蜡香、青香、奶油香、橙子香、柑橘香	15.81±0.13	15.85±0.09	17.33±0.48
10	癸醇	蜡香、甜香、花香、果香	/	/	1.17±0.18
11	香茅醇	青香、花香玫瑰香	/	0.50±0.00	/
12	6-乙基-3-辛醇	—	/	0.66±0.08	/
13	叶醇	生青味、脂肪味	/	0.44±0.02	/

续表

序号	挥发性香气化合物	香气特征描述	含量（mg/L）		
			X16 组	C11 组	X16 + C11 组
14	苯甲醇	甜香、柑橘水果香、花香	8.73 ±0.21	13.97 ±1.00	12.69 ±0.14
15	苯乙醇	玫瑰味、蜂蜜味	65.89 ±1.55	49.37 ±4.04	52.20 ±5.76
总和		—	475.08 ±8.41	399.24 ±23.56 *	432.84 ±32.46

注：“/” 表示未检测到；“—” 表示无；* 表示 $P<0.05$，指与 X16 组相比较。

3. 挥发性酸类化合物

如表 7 -9 所示，在 3 组空心李发酵果酒中共检测出乙酸、己酸、辛酸、葵酸 4 种酸类化合物。采用 X16 组发酵的空心李果酒中挥发性酸类化合物的含量最高 [(22.12 ±0.51) mg/L]，而采用 C11 组发酵空心李果酒中挥发性酸类化合物含量最低，仅为 X16 组发酵的 65.46%。X16 + C11 组混合发酵空心李果酒中挥发性酸类化合物含量与 X16 组未见显著差异。

表 7 -9　不同发酵方式生产的空心李果酒挥发性酸类化合物种类与含量

序号	挥发性香气化合物	香气特征描述	含量（mg/L）		
			X16 组	C11 组	X16 + C11 组
1	乙酸	醋酸味	2.49 ±0.14	1.40 ±0.05	3.01 ±0.53
2	己酸	杏仁味、干酪味、面包味	3.25 ±0.08	1.73 ±0.14	3.27 ±0.61
3	辛酸	酸腐奶酪味、脂肪味	9.07 ±0.23	6.36 ±0.08	7.50 ±0.09
4	癸酸	奶酪味	7.30 ±0.06	4.99 ±0.25	6.20 ±0.06
总和		—	22.12 ±0.51	14.48 ±0.53 *	19.98 ±1.28

注：“—” 表示无；* 表示 $P<0.05$，指与 X16 组相比较。

4. 挥发性醛酮类化合物

3 组空心李发酵果酒中共检测出 4 种醛酮类的物质，X16 + C11 组菌株混合发酵空心李果酒中检测出 3 种，其余两组均检测出 2 种（见表 7 - 10）。乙缩醛类化合物为 C11 组发酵空心李果酒中含量较高的醛酮类化合物，含量为（59.75 ±5.00）mg/L，另外两组空心李果酒中未检测出。

表 7 - 10　不同发酵方式生产的空心李果酒挥发性醛酮类化合物种类与含量

序号	挥发性香气化合物	含量（mg/L）		
		X16 组	C11 组	X16 + C11 组
1	丙酮	0.70 ±0.01	0.45 ±0.03	0.72 ±0.05
2	2,6 - 二(叔丁基) - 4 - 羟基 - 4 - 甲基 - 2,5 - 环己二烯 - 1 - 酮	/	/	1.25 ±0.13
3	乙醛乙基戊缩醛	3.98 ±0.01	/	3.63 ±0.22
4	乙缩醛	/	59.75 ±5.00	/
总和		4.68 ±0.02	60.20 ±5.03 *	5.60 ±0.40#

注：* 表示 $P<0.05$，指与 X16 组相比较；# 表示 $P<0.05$，指与 C11 组相比较。

5. 其他类挥发性化合物

如表 7 - 11 所示，3 组空心李发酵果酒中共检测出 11 种其他类化合物，X16 组发酵空心李果酒中检测出 7 种，C11 组发酵空心李果酒中有 10 种，X16 + C11 组混合发酵空心李果酒中有 9 种。其他类挥发性化合物的含量在 3 组空心李果酒中没有差异。

表 7 - 11　不同发酵方式生产的空心李果酒挥发性其他类化合物种类与含量

序号	挥发性香气化合物	含量（mg/L）		
		X16 组	C11 组	X16 + C11 组
1	乙烯基乙醚	0.40 ±0.02	0.95 ±0.02	0.35 ± 0.02
2	2 - 苯基 - 1 - 丙烯	1.60 ±0.04	1.44 ±0.03	1.46 ±0.02
3	乙苯	1.32 ±0.03	1.21 ±0.03	1.17 ±0.09
4	2 - 甲基萘	/	0.68 ±0.07	/

续表

序号	挥发性香气化合物	含量（mg/L）		
		X16 组	C11 组	X16 + C11 组
5	2,4 – 二叔丁基苯酚	6.63 ±0.04	6.09 ±0.63	7.18 ±0.32
6	3 – 烯丙基 – 6 – 甲氧基苯酚	/	/	4.21 ±0.17
7	2,4,5 – 三甲基 – 1,3 – 二恶烷	86.13 ±1.04	75.15 ±4.38	78.52 ±14.32
8	2 – 甲基 – 1,5 – 二氧杂螺［5.5］十一烷	8.52 ±0.46	15.67 ±1.88	14.35 ±0.27
9	1 – 乙氧基 – 1 – 甲氧基乙烷	/	0.46 ±0.04	/
10	1,1 – 二乙氧基丁烷	/	1.03 ±0.17	0.45 ±0.00
11	1,1 – 二乙氧基戊烷	2.51 ±0.50	6.51 ±0.04	3.63 ±0.22
总和		107.11 ±2.12	109.20 ±7.30	107.69 ±15.21

注："/" 表示未检测到。

6. 空心李果酒中主要挥发性香气化合物

结合表 7 – 7 ~ 表 7 – 11 可知，采用 C11 组发酵空心李果酒中挥发性醇类化合物、其他类挥发性化合物的种类与含量均高于 X16 组发酵空心李果酒，而 X16 + C11 组混合发酵空心李果酒中这两类挥发性化合物的种类与 X16 组发酵空心李果酒较为一致［见图 7 – 6（a）］。C11 组发酵的空心李果酒中酯类、醇类、酸类以及醛酮类化合物的含量均高于 X16 组发酵的空心李果酒，与 X16 + C11 组混合发酵空心李果酒较为一致［见图 7 – 6（b）］。

采用 OAV 进一步分析空心李果酒中挥发性化合物香气特性。如表 7 – 12 所示，3 组空心李发酵果酒中有 19 种挥发性香气化合物的 OAV >1，而且不同接种方式发酵的空心李果酒中 OAV 具有差异性，表明接种方式影响空心李果酒主要香气化合物的香气特性。

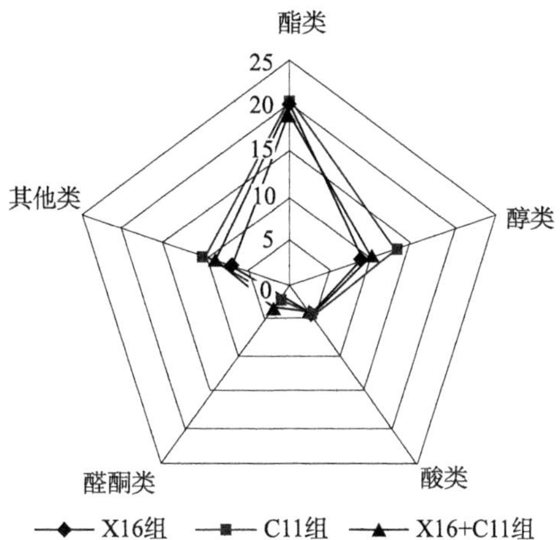

（a）空心李果酒中主要挥发性香气物质的种类

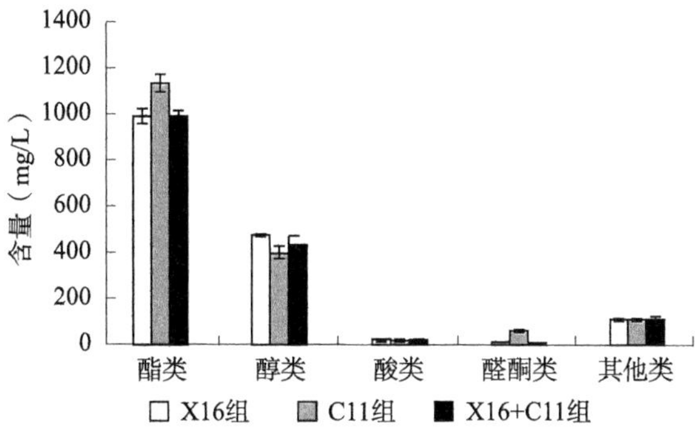

（b）空心李果酒中主要挥发性香气物质的含量

图7－6　不同发酵方式生产的空心李果酒主要挥发性香气物质的种类与含量

表7－12　不同发酵方式生产的空心李果酒主要香气化合物OAV

序号	挥发性香气化合物	阈值（mg/L）	OAV		
			X16组	C11组	X16＋C11组
1	乙酸乙酯	7.50	7.08	5.37	10.20
2	己酸乙酯	0.05	915.20	597.20	740.60
3	辛酸甲酯	0.20	16.05	11.15	13.70
4	辛酸乙酯	0.58	499.57	349.24	433.71
5	苯甲酸乙酯	1.43	7.11	15.04	13.71
6	壬酸乙酯	3.15	2.03	2.58	3.11
7	葵酸乙酯	1.12	329.96	365.02	342.90

续表

序号	挥发性香气化合物	阈值(mg/L)	OAV		
			X16 组	C11 组	X16 + C11 组
8	月桂酸乙酯	0. 64	130. 45	118. 33	122. 61
9	棕榈酸乙酯	1. 50	4. 70	5. 25	6. 02
10	肉豆蔻酸乙酯	2. 00	1. 75	/	2. 14
11	异丁醇	16. 00	1. 40	2. 00	2. 06
12	异戊醇	7. 00	50. 29	39. 33	43. 75
13	己醇	1. 10	/	1. 42	1. 37
14	辛醇	0. 12	/	15. 92	14. 00
15	壬醇	0. 60	26. 35	36. 42	28. 88
16	苯乙醇	10. 00	6. 59	4. 94	5. 20
17	己酸	0. 42	7. 74	4. 12	7. 79
18	辛酸	0. 50	18. 14	12. 72	15. 00
19	葵酸	1. 00	7. 30	4. 99	6. 20

注："/" 表示未检测到。

三、讨论

由于非酿酒酵母最初是从腐败的葡萄汁中分离得到的，在较长的一段时间内，均被认为是生产中的有害酵母。随着研究的不断深入，越来越多的证据表明，一些非酿酒酵母产生的代谢物，对果酒的风味、香气、感官特性等品质特性都具有积极作用，可增加酒体的复杂度、丰富度及独特性[19]。对非酿酒酵母的种群多样性及特定种群对某些果酒品质的影响，成为近年来国内外的研究热点之一。

异常威克汉姆酵母是一种普遍存在于各种自然环境，包括酿造原料、酿造设备、酿造环境中的一种非酿酒酵母。研究表明，异常威克汉姆酵母可分泌多种酶类，如 β - 葡萄糖苷酶、β - 木糖苷酶、α - L - 鼠李糖酶等，有助于风味物质的释放，增加酒体的香味特性。但该类酵母对空心李果酒品质的特性影响还未知，本节研究结果表明，接种异常威克汉姆酵母 C11

菌株，包括单独接种与混合接种都可以降低空心李果酒中酸类物质的含量，但对空心李果酒电子感官特性没有影响。此外，单独接种异常威克汉姆酵母 C11 菌株发酵空心李果酒中的挥发性醇类、其他类化合物的种类增加，挥发性酯类、醇类、醛酮类化合物的含量增加，挥发性酸类化合物的含量降低。但将异常威克汉姆酵母 C11 菌株与商业化酿酒酵母 X16 菌株混合发酵的香气特性与单独接种 X16 菌株发酵空心李果酒相似。因此，单独接种异常威克汉姆酵母可调节空心李果酒的香气特性[20]。

第四节　接种刺梨野生酵母菌对桂圆果酒品质特性的影响

异常威克汉姆酵母，又称异常毕赤酵母、异常汉逊酵母（*Hansenula anomalus*），近年来受到广泛的重视，其具有独特的生理特性与代谢特征[21-23]：①可耐受较高/低的 pH、较高渗透压以及无氧等极端环境条件；②合成多种糖苷酶，可水解原料中含糖苷键的前体风味物质，有利于风味物质的释放；③产生多种具有花香和水果香的挥发性酯类物质。

研究表明，异常威克汉姆酵母可分泌 β-D-葡萄糖苷酶、β-D-木糖苷酶、α-D-鼠李糖苷酶等，利用异常威克汉姆酵母发酵葡萄酒时，可增加乙酸乙酯、乙酸异戊酯、2-乙酸苯乙酯等具有花香和水果香酯类物质的种类和含量，提高酒体感官特性值[24]。利用异常威克汉姆酵母生产的苹果酒，乙酸酯类、乙酯类、高级醇类、醛类、酮类等风味物质种类增加，含量均提高，酒体感官评价值更高[2]。此外，异常威克汉姆酵母还可提高白酒中乙酸乙酯、β-苯乙醇、乙酸苯乙酯含量，其中乙酸乙酯含量达 6.41 g/L[25]。因此，异常威克汉姆酵母具有调节酒体香气特性和感官特性能力，在酒类生产中具有较好的应用价值。

桂圆，又称龙眼（*Dimocarpus longan* Lour.），无患子科、桂圆属植物[26]。其果实富含丰富的营养成分和药用价值[27]，具有安神、益智、补心脾等功效，是一种具有较好开发价值的药食同源水果。对于桂圆果酒的发酵，袁辛锐等[28]进行了生香酵母与酿酒酵母联合发酵桂圆果酒的研究，将果酒酿造活性干酵母与生香酵母 1∶1 混合接种，分析了不同发酵参数（糖度、酸度、发酵温度以及发酵时间）对桂圆果酒基本理化指标和感官特性影响。但异常威克汉姆酵母与商业化酿酒酵母不同混合发酵方式对桂圆果酒基本理化参数、香气特征、感官特性等品质的影响还未知。

因此，本节研究采用顺序接种与共同接种两种形式，将异常威克汉姆酵母 C11 菌株与酿酒酵母 X16 菌株进行混合发酵桂圆果酒，从基本理化指标、电子感官特性以及香气组分等方面分析其对桂圆果酒品质的影响，为其在桂圆果酒生产中的应用提供理论依据和基础，也可为其他果酒生产提供参考。

一、原理与方法

（一）材料与菌株

新鲜泰国桂圆，购于贵州贵阳某水果超市。

商业化酿酒酵母 X16 菌株购于法国 LAFFORT 公司。

异常威克汉姆酵母 C11 菌株自行分离于“贵农 5 号”刺梨果实（详见第六章）。

（二）研究方法

1. 菌株的活化

取 -80 ℃超低温冰箱保存的 X16 菌株和 C11 菌株划线在 YPD 固体培养基，28 ℃恒温倒置培养 48 h。挑取长出的单菌落，继续接种于 YPD 液体培养液，28 ℃、180 r/min 条件下恒温震荡培养 48 h，备用。

2. 发酵桂圆果酒的制备

选取新鲜、成熟的桂圆，去皮、去核、榨汁，加入 50 mg/L 的 SO_2、

200 mg/L 的果胶酶以及 600 mg/L 的二甲基二碳酸盐室温处理 12 h。处理结束后，调整糖度值为 24°Brix，并分成 4 组，每组平行重复 3 次。①X16 组：单独接种酿酒酵母 X16 菌株，浓度为 10^7 cfu/mL；②C11 组：单独接种异常威克汉姆酵母 C11 菌株，浓度为 10^8 cfu/mL；③共同接种组：共同接种异常威克汉姆酵母 C11 菌株和商业化酿酒酵母 X16 菌株，其浓度分别为 10^8 cfu/mL、10^7 cfu/mL；④顺序接种组：在发酵开始接种 10^8cfu/mL 的异常威克汉姆酵母 C11 菌株，发酵第 4 天接种 10^7 cfu/mL 的酿酒酵母 X16 菌株。各组样品置于 22 ℃恒温培养箱中静置发酵直至发酵结束。

3. 桂圆果酒基本理化指标的检测

桂圆果酒的乙醇体积分数、总酸、挥发酸的测定参考夏天奇等[29]方法进行，桂圆果酒的总糖采用优化的蒽酮法进行测定[30]。桂圆果酒的 pH 采用 pH 分析仪进行测定。

4. 桂圆果酒电子感官指标的检测

采用电子舌系统对桂圆果酒电子感官指标进行测定，其测定方法参考仪器说明书进行。每个酒样平行重复测定 3 次，每个平行重复采集数据 4 次。

5. 桂圆果酒香气成分检测

采用 HS－SPME－GC－MS 方法测定桂圆果酒香气成分[31]。NIST 标准谱库检索并匹配 GC－MS 方法采集得到的数据，进行定性分析。以环己酮为内标物，采用内标法进行香气物质的定量分析。

（三）数据分析

采用软件 SPSS 25.0 对数据进行主成分分析和显著性分析。采用软件 Excel 2010 对数据进行处理和作图，采用软件 Adobe Photoshop CS 辅助作图，数据以平均值 ± 标准差形式表示。$P<0.05$ 为差异有统计学意义。

二、结果与分析

（一）不同发酵方式对桂圆果酒基本理化指标的影响

各组发酵桂圆果酒基本理化指标如表 7－13 所示。其他 3 组发酵的桂圆果酒乙醇体积分数均低于 X16 组发酵的桂圆果酒，相反，共同接种组和顺序接种组发酵桂圆果酒中总糖则高于 X16 组。4 组桂圆果酒的总酸、挥发酸以及 pH 之间没有显著性差异。

表 7－13　桂圆果酒基本理化指标

组别	乙醇体积分数（%）	pH	总糖（g/L）	总酸（g/L）	挥发酸（g/L）
X16 组	12.8 ±0.34	3.87 ±0.01	0.79 ±0.02	11.64 ±0.27	0.80 ±0.14
C11 组	11.8 ±0.00	3.88 ±0.01	1.35 ±0.31	11.93 ±0.11	1.18 ±0.16
共同接种组	11.8 ±0.00 *	3.88 ±0.01	0.97 ±0.05 *	12.08 ±0.51	1.00 ±0.06
顺序接种组	11.9 ±0.12 *	3.86 ±0.02	0.92 ±0.00 *	12.03 ±0.37	1.17 ±0.06

注：* 表示 $P<0.05$，指与 X16 组相比较。

（二）不同发酵方式对桂圆果酒电子感官特性的影响

电子舌检测系统分析各组发酵桂圆果酒电子感官特性结果如图 7－7 所示，共同接种组和顺序接种组发酵桂圆果酒酸味值大于 X16 组和 C11 组，而丰富度则低于 X16 组和 C11 组。

（三）不同发酵方式对桂圆果酒香气特性的影响

1. 挥发性酯类化合物

酯类化合物是酒精代谢过程中产生的次级代谢物，大多具有花香、果香特性，是各种发酵酒中重要的呈香物质。如表 7－14 所示，4 组桂圆发

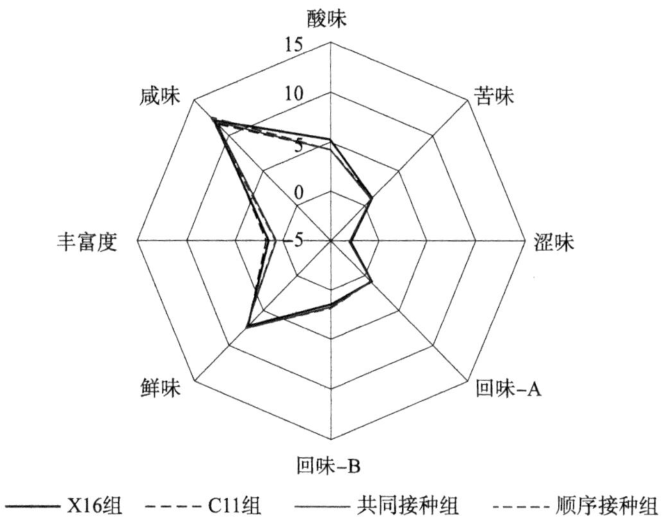

图 7－7　4 组桂圆果酒滋味属性

酵果酒中共检测出 19 种酯类化合物，X16 组、C11 组、共同接种组以及顺序接种组分别检测出 16、14、15、19 种。其中 3－羟基丁酸乙酯仅在共同接种组和顺序接种组桂圆果酒中检测到，而乙基－9－癸烯酸酯、辛酸异戊酯为顺序接种组发酵桂圆果酒特有酯类化合物。此外，共同接种组发酵桂圆果酒酯类香气化合物含量显著低于 X16 组、C11 组发酵桂圆果酒，顺序接种组发酵桂圆果酒则与 X16 组、C11 组发酵桂圆果酒酯类化合物含量方面无差异。

乙酸乙酯是发酵果酒中最主要的酯类香气化合物之一，具有菠萝、甜果香味，阈值 150 mg/L 左右。在葡萄酒中，乙酸乙酯含量在 80 mg/L 左右时，可较好地赋予葡萄酒水果香味，还可以增加酒体的复杂性。顺序接种组发酵生产的桂圆果酒中乙酸乙酯含量最高，为（66. 87 ± 8. 59）mg/L，其他 3 组桂圆果酒中乙酸乙酯值为 30 mg/L 左右（见表 7－14）。

表 7－14　不同发酵方式生产的桂圆果酒中酯类化合物种类与含量

序号	挥发性香气化合物	香气特征描述	含量（mg/L）			
			X16 组	C11 组	共同接种组	顺序接种组
1	乙酸乙酯	菠萝、甜果味	31. 81 ± 1. 96	38. 88 ± 0. 98	30. 77 ± 0. 77	66. 87 ± 8. 59

续表

序号	挥发性香气化合物	香气特征描述	含量（mg/L）			
			X16 组	C11 组	共同接种组	顺序接种组
2	乙酸异戊酯	香蕉味	40.23 ±2.69	37.08 ±3.82	17.73 ±0.09	39.08 ±4.15
3	乙酸苯乙酯	甜蜜香味	9.76 ±0.09	8.74 ±0.44	3.44 ±0.54	6.98 ±0.15
4	乙酸异丁酯	水果香	1.58 ±0.18	/	/	1.75 ±0.05
5	乙酸香茅酯	水果香	0.89 ±0.17	/	/	0.65 ±0.04
6	乙基-9-癸烯酸酯	—	/	/	/	6.31 ±0.60
7	辛酸乙酯	香蕉、梨、花香	112.41 ±9.28	79.90 ±3.58	45.26 ±3.43	80.44 ±9.29
8	辛酸异戊酯		/	/	/	0.78 ±0.08
9	己酸乙酯	甜香、水果香、窖香	10.22 ±0.57	6.78 ±1.29	4.93 ±0.10	6.81 ±0.19
10	3-羟基丁酸乙酯	—	/	/	0.73 ±0.09	0.60 ±0.00
11	癸酸乙酯	葡萄、果香、脂肪香	57.80 ±4.57	53.64 ±4.65	31.12 ±3.78	65.28 ±5.23
12	苯甲酸乙酯	水果味	1.59 ±0.02	1.50 ±0.15	1.51 ±0.08	1.63 ±0.03
13	丁二酸二乙酯	—	0.85 ±0.11	1.93 ±0.40	1.29 ±0.13	4.82 ±0.28
14	月桂酸乙酯	脂肪味、果香	19.51 ±0.62	20.45 ±0.39	12.23 ±0.47	13.36 ±2.04
15	肉豆蔻酸乙酯	鸢尾油香、油脂味	2.44 ±0.01	2.64 ±0.32	3.71 ±0.28	2.01 ±0.03
16	棕榈酸乙酯	油味	1.74 ±0.40	2.76 ±0.36	5.68 ±0.07	2.21 ±0.12
17	苯甲酸甲酯	油味	1.51 ±0.09	1.38 ±0.11	1.57 ±0.11	1.24 ±0.06
18	水杨酸甲酯	冬青叶味	1.52 ±0.08	2.51 ±0.14	2.49 ±0.17	2.23 ±0.10
19	γ-丁内酯	芳香气味	2.27 ±0.34	1.34 ±0.11	1.56 ±0.21	1.12 ±0.13
总和			296.13 ±21.18	259.53 ±16.74	164.02 ±10.32 $^{*\#}$	304.17 ±31.16

注：“/”表示未检测到；“—”表示无；*表示 $P<0.05$，指与 X16 组相比较；$^{\#}$表示 $P<0.05$，指与 C11 组相比较。

2. 挥发性醇类化合物

醇类化合物是酵母菌细胞在发酵过程中代谢产生的次级代谢产物，对发酵酒的香型起着重要的调控作用。如表 7－15 所示，4 组发酵桂圆果酒中共检测出 9 种醇类化合物，异丁醇和苯乙醇含量较高。与 C11 组相比，共同接种组和顺序接种组发酵生产的桂圆果酒中醇类化合物含量显著增加，共同接种组醇类化合物总量最高，为（95.48 ±5.01） mg/L。

表 7－15　不同发酵方式生产的桂圆果酒醇类物质种类与含量

序号	挥发性香气化合物	香气特征描述	含量（mg/L）			
			X16 组	C11 组	共同接种组	顺序接种组
1	甲醇	酒精味	1.46 ±0.15	1.76 ±0.16	1.44 ±0.05	2.09 ±0.30
2	正丙醇	醇香、水果香	2.10 ±0.26	1.95 ±0.17	2.07 ±0.04	2.51 ±0.22
3	异丁醇	醇香、水果香	32.14 ±1.85	21.31 ±2.44	38.05 ±0.81	32.36 ±2.10
4	正已醇	青草味、生青味	/	/	0.86 ±0.04	/
5	反式－2，4－已二烯－1－醇	—	3.41 ±0.35	1.82 ±0.09	/	2.48 ±0.18
6	2，3－丁二醇	—	4.67 ±0.37	4.69 ±0.48	7.14 ±0.64	4.43 ±0.29
7	芳樟醇	花香、麝香	3.35 ±0.28	2.75 ±0.03	3.07 ±0.18	2.89 ±0.20
8	苯乙醇	甜香、柑橘水果香、花香	37.97 ±2.78	35.69 ±1.69	41.91 ±3.11	39.82 ±1.28
9	香茅醇	青香、花香、玫瑰香	1.33 ±0.07	0.85 ±0.13	0.94 ±0.14	1.10 ±0.08
总和			86.43 ±6.11	70.82 ±5.19	95.48 ±5.01#	87.68 ±4.65#

注：“/” 表示未检测到；“—” 表示无；* 表示 $P<0.05$，指与 X16 组相比较；# 表示 $P<0.05$，指与 C11 组相比较。

高级醇，俗称杂醇油，是指具有 3 个及以上碳原子的一元醇类的统称。适量的高级醇含量可赋予酒体特殊的香气和风味，过低的高级醇含量使酒体过于单薄，香气不足，而过高的高级醇含量又会使饮酒者“上头”和醉酒。研究表明，葡萄酒中高级醇含量一般为 80 ~ 540 mg/L。本节研究发现，单独接种 C11 菌株发酵生产的桂圆果酒中高级醇含量最低［（69.06 ±

5.03）mg/L]，其他3组桂圆果酒中高级醇含量均超过80 mg/L，共同接种方式生产的桂圆果酒高级醇含量最高［(94.04 ±4.96）mg/L]。

芳樟醇、苯乙醇、香茅醇是4组桂圆果酒中具有花香、水果香的高级醇。3种高级醇含量在共同接种组中含量最高［(45.92 ±3.43）mg/L]，C11组最低［(39.29 ±1.85）mg/L]（见表7－15）。

3. 挥发性酸类化合物

酸类化合物也是果酒香气物质的重要组成部分，如表7－16所示，桂圆果酒中酸类化合物种类较少，4组发酵果酒中共检测到乙酸、辛酸两种化合物，共同接种组和顺序接种组均未检测到辛酸。与X16组相比较，混合接种C11菌株可增加桂圆果酒酸类化合物含量，其中共同接种组酸类化合物含量最高［(79.25 ±4.41）mg/L]。

表7－16　不同发酵方式桂圆果酒酸类物质种类与含量

序号	挥发性香气化合物	香气特征描述	含量（mg/L）			
			X16组	C11组	共同接种组	顺序接种组
1	乙酸	醋酸味	49.61 ±5.39	71.02 ±5.02	79.25 ±4.41	78.75 ±1.66
2	辛酸	酸腐、乳酪味、脂肪味	6.18 ±0.56	2.63 ±0.11	/	/
总和			55.79 ±5.95	73.65 ±5.23	79.25 ±4.41 *	78.75 ±1.66 *

注："/" 表示未检测到；* 表示 $P<0.05$，指与X16组相比较。

4. 挥发性醛酮类化合物

醛酮类化合物的种类与含量对果酒的香气特性也有贡献，如表7－17所示，4组发酵桂圆果酒中共检测出3类醛酮类化合物，分别为乙醛、丙酮以及5－已烯－2－酮。其中共同接种组3种醛酮类化合物均有检测到，而其他3组仅检测到乙醛这一类化合物。与X16组和C11组相比，共同接种、顺序接种组可显著增加桂圆果酒中醛酮类化合物的含量。共同接种组既可增加醛酮类化合物的种类，也可增加醛酮类化合物的含量。

表 7-17 不同发酵方式桂圆果酒醛酮类物质种类与含量

序号	挥发性香气化合物	香气特征描述	含量（mg/L）			
			X16 组	C11 组	共同接种组	顺序接种组
1	乙醛	刺激性气味	2.94 ±0.10	2.92 ±0.11	2.98 ±0.02	3.51 ±0.25
2	丙酮	溶剂味	/	/	0.31 ±0.03	/
3	5-已烯-2-酮	—	/	/	1.13 ±0.06	/
总和			2.94 ±0.10	2.92 ±0.11	4.42 ±0.11 *#	3.51 ±0.25 *#

注："/" 表示未检测到；"—" 表示无；* 表示 $P<0.05$，指与 C16 组相比较；# 表示 $P<0.05$，指与 C11 组相比较。

5. 其他类化合物

如表 7-18 所示，4 组发酵桂圆果酒中共检测出 5 种其他类化合物，其中 X16 组 2 种，C11 组 5 种，共同接种组 4 种，顺序接种组 3 种。与 X16 组、C11 组相比，共同接种组其他类化合物含量显著增加，顺序接种组其他类化合物含量则没有发生变化。共同接种组有效增加桂圆果酒中其他类化合物的种类与含量。

表 7-18 不同发酵方式桂圆果酒挥发性其他化合物种类与含量

序号	挥发性香气化合物	香气特征描述	含量（mg/L）			
			X16 组	C11 组	共同接种组	顺序接种组
1	2，6-二叔丁基对甲基苯酚		/	2.73 ±0.42	1.69 ±0.21	7.75 ±0.12
2	罗勒烯	花香	/	1.05 ±0.23	1.25 ±0.01	/
3	2，4，5-三甲基-1，3-二氧戊环		3.59 ±0.01	1.74 ±0.14	21.77 ±1.96	13.06 ±2.34
4	2-甲基-1，5-二氧螺环-［5，5］十一烷		29.30 ±4.33	19.42 ±0.16	40.65 ±1.48	11.08 ±1.38
5	苯并噻唑		/	0.88 ±0.18	/	/
总和			32.89 ±4.34	25.82 ±1.13	65.36 ±3.66 *#	31.89 ±3.84

注："/" 表示未检测到；* 表示 $P<0.05$，指与 X16 组相比较；# 表示 $P<0.05$，指与 C11 组相比较。

综上，共同接种组可增加桂圆果酒中醛酮类香气化合物的种类，顺序接种组可增加酯类香气化合物的种类［见图 7－8（a)］。与 X16 组相比，共同接种组发酵的桂圆果酒中酯类化合物含量显著降低，酸类、醛酮类、其他类化合物含量显著增加［见图 7－8（b)］。顺序接种组发酵的桂圆果酒中酸类、醛酮类化合物含量显著增加。与 C11 组相比，共同接种组可显著降低桂圆果酒中酯类化合物的含量，增加醇类、醛酮类和其他类化合物的含量。而顺序接种组则可增加醇类和醛酮类化合物的含量。因此，采用混合接种（共同接种组、顺序接种组）可调节桂圆果酒香气特性，包括香气化合物的种类与含量。

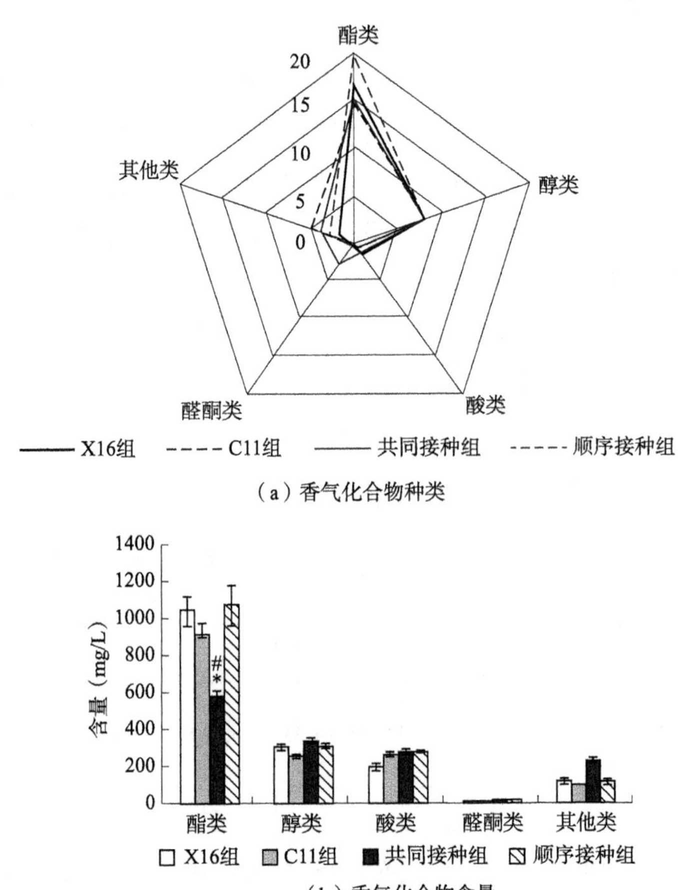

图 7－8　不同发酵方式生产的桂圆果酒香气化合物种类与含量

注：* 表示 $P<0.05$，指与 X16 组相比较；# 表示 $P<0.05$，指与 C11 组相比较。

6. 主要香气化合物

桂圆果酒中14种主要香气化合物OAV如表7－19所示，10种化合物的OAV大于1，4种化合物的OAV小于1。乙酸异戊酯、芳樟醇、月桂酸乙酯OAV在4种发酵桂圆果酒中值较大，暗示其对桂圆果酒香气贡献度较大。

表7－19　桂圆果酒主要香气化合物OAV

序号	挥发性香气化合物	阈值（μg/L）	OAV			
			X16组	C11组	共同接种组	顺序接种组
1	乙酸乙酯	750.00	4.24	5.18	4.10	15.77
2	乙酸异戊酯	93.93	432.58	398.71	190.65	420.22
3	乙酸苯乙酯	909	10.73	9.60	3.78	7.67
4	乙酸异丁酯	8	0.20	/	/	0.22
5	辛酸乙酯	12.87	8.73	6.21	3.52	6.25
6	己酸乙酯	50	0.20	0.14	0.01	0.14
7	癸酸乙酯	1120	0.05	0.05	0.03	0.06
8	月桂酸乙酯	640	30.48	31.95	19.11	20.88
9	异丁醇	1600	0.02	0.01	0.02	0.02
10	正丙醇	94	22.34	20.74	22.02	26.70
11	芳樟醇	15	223.33	183.33	204.67	192.67
12	苯乙醇	10000	3.80	3.57	4.19	3.98
13	香茅醇	180	7.39	4.72	5.22	6.11
14	辛酸	500	12.36	5.26	/	/

注：“/”表示未检测到。

采用主成分分析进一步评价桂圆果酒主要香气化合物对酒体特性的影响［见图7－9（a）］，共提取出3个主成分，分别为PC1（48.05%）、PC2（26.91%）、PC3（25.04%），3个主成分累计贡献率100%。

4组发酵桂圆果酒分布差异较大，顺序接种组与多种乙酯类香气化合物关系更为密切［见图7－9（b）］，如乙酸苯乙酯、辛酸乙酯、己酸乙酯、月桂酸乙酯等。而C11组特征香气则为一些乙酸类的酯类化合物，如乙酸乙酯、乙酸异丁酯等。芳樟醇可能是共同接种组特征香气，而X16组典型香气成分则不明显。

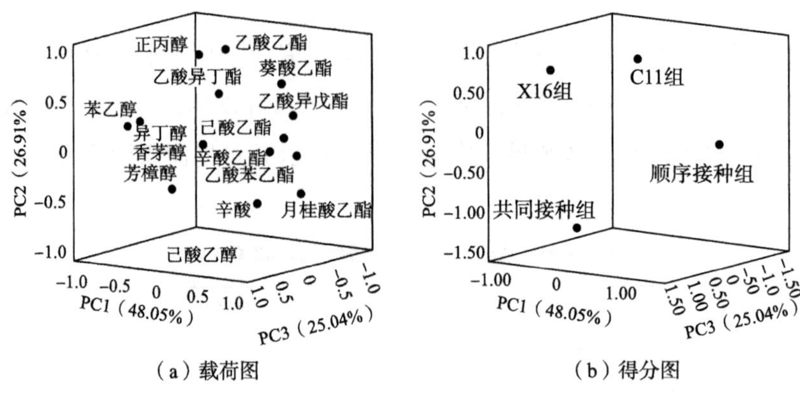

（a）载荷图　　（b）得分图

图 7－9　桂圆果酒香气化合物主要成分分析

三、讨论

酵母菌在果酒发酵中扮演着重要的作用。非酿酒酵母是指除酿酒酵母之外的一大类酵母菌的统称，包括异常威克汉姆酵母、葡萄汁有孢汉逊酵母、美极梅奇酵母等[32]。非酿酒酵母通常可分泌多种糖苷酶，具有改善发酵果酒香气、色泽、口感等性质，有助于增加果酒的丰富性与特异性[33]。因此将酿酒酵母与非酿酒酵母进行混合发酵果酒，既保留了果酒一定的酒精度，又改善了果酒的香气、感官特性等品质特征，已成为一种普遍接受的生产方式[34]。将酿酒酵母与非酿酒酵母混合发酵生产果酒，在葡萄[35]、柿子[36]、枸杞[37]等多种果酒类型文献中均有报道。但探讨非酿酒酵母对桂圆果酒特性的影响报道还比较少。本节研究选用异常威克汉姆酵母，采用共同接种和顺序接种两种形式，分析混合发酵对桂圆果酒基本理化指标、电子感官特性以及香气特性的影响。

结果发现，不管是共同接种组还是顺序接种组发酵生产的桂圆果酒乙醇体积分数低于 X16 组，而总糖则高于 X16 组。其原因可能是在发酵过程中，两种菌体之间存在相互作用，影响菌体对糖类的代谢，导致乙醇体积分数降低。研究表明，异常威克汉姆酵母分泌具有广谱抗性的毒性因子，可有效抑制杂菌的污染。但在桂圆果酒酿造过程中异常威克汉姆酵母对酿酒酵母的影响还未知，还需进一步的研究。

本节研究还发现，混合发酵可调节桂圆果酒的香气特性。从香气化合物的种类方面来看，共同接种组可增加桂圆果酒中醛酮类香气化合物的种类，而顺序接种组可增加酯类香气化合物的种类。从香气化合物的含量方面分析，共同接种组发酵的桂圆果酒中酯类化合物含量显著降低，酸类、醛酮类、其他类化合物含量显著增加。顺序接种组发酵的桂圆果酒中酸类、醛酮类化合物含量显著增加。采用不同的混合发酵方式，其生产的桂圆果酒香气特性不同。因此，可根据不同的生产需求采用不同的混合接种方式。

酵母菌混合接种比例也可影响果酒的品质特性。剧柠等[24]研究表明，葡萄汁有孢汉逊酵母与酿酒酵母采用3：1的接种比例，发酵生产的枸杞果酒感官得分最高，其香气特性也表现出较大差异。采用葡萄汁有孢汉逊酵母与酿酒酵母2：1混酿的低醇葡萄酒，酸甜较为适宜、香气和风味较为复杂，微生物稳定性较高[38]。本节研究仅分析了不同的接种方式（共同接种和顺序接种）对桂圆果酒基本理化指标及香气特性的影响。但未分析不同接种比例对桂圆果酒品质的影响，在后续研究中将做进一步分析。

综上，本节研究系统地分析了异常威汉姆酵母C11菌株与商业化酿酒酵母X16菌株混合发酵（共同接种和顺序接种）对桂圆果酒基本理化指标、电子感官特性以及香气特性的影响。结果表明，混合发酵可降低桂圆果酒的乙醇体积分数，增加总糖含量。混合发酵还可增加桂圆果酒电子感官中的酸味。不同接种方式对桂圆果酒香气特性影响较大，共同接种组可增加桂圆果酒中醛酮类香气化合物的种类，降低酯类化合物的含量，增加酸类、醛酮类、其他类化合物的含量。而顺序接种组可增加酯类香气化合物的种类，增加酸类、醛酮类化合物的含量。因此，混合发酵可调节桂圆果酒的品质特性，包括基本理化指标、电子感官特性以及香气特性，丰富桂圆果酒的种类。

参考文献

[1] 张倩茹，殷龙龙，尹蓉，等. 果酒主要成分及其功能性研究进展［J］. 食品与机械，2020，36（4）：226-230，236.

[2] 张文文，白梦洋，吴祖芳，等. 果酒酵母菌混合发酵的研究进展［J］. 食品科学，2018，39（19）：252-259.

[3] 赵维芯，蔡树东. 枸杞果酒的营养价值及保健功能的研究进展［J］. 饮料工业，2016，19（3）：44-46.

[4] 知一. 深耕特色产业，打造果酒品牌［J］. 中国农村科技，2017（10）：62-63.

[5] 许瑞，朱凤姝. 新型水果发酵酒生产技术［M］. 北京：化学工业出版社，2017.

[6] 秦捷，姚茂君. 果酒生产工艺的研究进展［J］. 中国酿造，2009（12）：9-11.

[7] 王圣开，董全. 国内外果酒生产工艺的研究进展［J］. 中国食物与营养，2008（1）：37-39.

[8] 李杰，韩继成. 果实香气物质分析研究进展［J］. 北方果树，2018（6）：1-3.

[9] 王坤范. 果酒和葡萄酒分类［J］. 中国农村科技，1996（6）：49.

[10] 刘静，傅冰，刘苏瑶，等. 云南咖啡果发酵型果酒的酿造［J］. 食品工业科技，2017，38（10）：194-199.

[11] 杨国强，韩琳，林木，等. 红心猕猴桃蒸馏果酒风味物质分析及研究［J］. 酿酒科技，2020（6）：50-55.

[12] 任文彬，白卫东，黄桂颖，等. 紫苏青梅配制果酒的研究［J］. 酿酒科技，2009（10）：80-81，86.

[13] OIV. Compendium of international methods for wine and must analysis（Vol. 1）［R］. Paris，France，2019.

[14] 陈臣，牟德华，张哲琦，等. 溶剂萃取与顶空固相微萃取检测欧李果酒中香气成分的研究［J］. 酿酒科技，2013（12）：89-93.

[15] 张绍阳，吴仕敏，李刚凤，等. 低糖沙子空心李果脯的研制［J］. 食品工业，2020，41（1）：8-11.

[16] 张义，张慧，汪凤威，等. “空心李”的授粉生物学特征［J］. 北方园艺，2017（24）：43-47.

[17] 宋茹茹，段卫朋，祝霞，等. 戴尔有孢圆酵母与酿酒酵母顺序接种发酵对干红葡

萄酒香气的影响［J］. 食品与发酵工业，2019，45（24）：1－9.

［18］王鑫，梁艳英，李娜娜，等. 杨凌地区主要葡萄蒸馏酒的香气成分分析［J］. 中国酿造，2018，37（7）：161－167.

［19］JOLLY N P，VARELA C，PRETORIUS I S. Not your ordinary yeast：non－*Saccharomyces* yeasts in wine production uncovered［J］. FEMS Yeast Research，2014，14（2）：215－237.

［20］刘晓柱，黎华，李银凤，等. 接种异常威克汉姆酵母对空心李果酒理化特性及香气组分的影响［J］. 食品科技，2020，45（11）：21－27.

［21］MORALES M L，OCHOA M，VALDIVIA M，et al. Volatile metabolites produced by different flor yeast strains during wine biological ageing［J］. Food Research International，2020，128：108771.

［22］YE M，YUE T，YUAN Y. Effects of sequential mixed cultures of *Wickerhamomyces anomalus* and *Saccharomyces cerevisiae* on apple cider fermentation［J］. Fems Yeast Research，2014，14（6）：873－882.

［23］SCHNEIDER J，RUPP O，TROST E，et al. Genome sequence of *Wickerhamomyces anomalus* DSM 6766 reveals genetic basis of biotechnologically important antimicrobial activities［J］. FEMS Yeast Research，2012，12（3）：382－386.

［24］PADILLA B，GIL J V，MANZANARES P. Challenges of the non－conventional yeast *Wickerhamomyces anomalus* in winemaking［J］. Fermentation，2018，4（3）：1－14.

［25］FAN G，TENG C，XU D，et al. Enhanced production of ethyl acetate using co－culture of *Wickerhamomyces anomalus* and *Saccharomyces cerevisiae*［J］. Journal of Bioscience and Bioengineering，2019，128（5）：564－570.

［26］HAN D，LUO T，ZHANG L，et al. Optimized precooling combined with SO_2－released paper treatment improves the storability of longan（*Dimocarpus longan* Lour.）fruits stored at room temperature［J］. Food Science and Nutrition，2020，8（6）：2827－2838.

［27］PARK S，KIM J H，SON Y，et al. Longan（*Dimocarpus longan* Lour.）fruit extract stimulates osteoblast differentiation via Erk1/2－Dependent RUNX2 activation［J］. Journal of Microbiology and Biotechnology，2016，26（6）：1063－6.

［28］袁辛锐，喻学淳，杨芳，等. 生香酵母与酿酒酵母联合发酵桂圆果酒的研究［J］. 中国酿造，2020，39（7）：74－77.

[29] 夏天奇，高新亚，刘小琳，等. 红树莓果酒澄清工艺的优化及理化指标的测定 [J]. 中国酿造，2018，37（8）：138 – 142.

[30] 刘晓柱，赵湖冰，李银凤，等. 一株刺梨葡萄汁有孢汉逊酵母的鉴定及酿酒特性分析 [J]. 食品与发酵工业，2020，46（8）：97 – 104.

[31] SANOPPA K，HUANG T C，WU M C. Effects of *Saccharomyces cerevisiae* in association with *Torulaspora delbrueckii* on the aroma and amino acids in longan wines [J]. Food Sci Nutr. 2019，7（9）：2817 – 2826.

[32] WANG C，MAS A，ESTEVE – ZARZOSO B. The interaction between *Saccharomyces cerevisiae* and non – *Saccharomyces* yeast during alcoholic fermentation is species and strain specific [J]. Front Microbiology，2016，7：502.

[33] MORATA A，ESCOTT C，LOIRA I，et al. Influence of *Saccharomyces* and non – *Saccharomyces* yeasts in the formation of pyranoanthocyanins and polymeric pigments during red wine making [J]. Molecules，2019，24（24）：4490.

[34] JOHNSON E A. Biotechnology of non – *Saccharomyces* yeasts – the basidiomycetes [J]. Applied Microbidogy and Biotechnology，2013，97（17）：7563 – 7577.

[35] ROSSOUW D，BAUER F F. Exploring the phenotypic space of non – *Saccharomyces* wine yeast biodiversity [J]. Food Microbiology，2016，55：32 – 46.

[36] 荆雄，杨辉，苏文，等. 非酿酒酵母与酿酒酵母混合发酵柿子酒特性的研究 [J]. 中国酿造，2018，37（12）：52 – 56.

[37] 剧柠，赵梅梅，柯媛，等. 枸杞果酒用非酿酒酵母的分离筛选及香气成分分析 [J]. 食品与发酵工业，2017，43（11）：125 – 131.

[38] 崔艳，刘尚，邓琪缘，等. 葡萄汁有孢汉逊酵母与酿酒酵母混酿低醇葡萄酒 [J]. 食品工业，2020，41（8）：60 – 64.

第八章　结论与启示

刺梨，蔷薇科蔷薇属植物，多年生落叶小灌木，为我国特有的物种[1]。贵州为刺梨主要产区，在湖南、云南、四川、河南、陕西等地区也均有刺梨分布[2]。刺梨果实富含氨基酸、维生素、多糖、微量元素、黄酮等多种营养物质与活性物质，具有较高的营养价值和应用价值，被誉为“三王水果”“营养库”等[3]，可被开发为果汁[4]、果酱[5]、果酒[6]、果脯[7]等多种产品，开发前景较好。刺梨根系较为发达，对环境适应性强，在荒坡、山地均可生长，可保持水土、涵养水源，对于喀斯特地区的石漠化治理具有重要作用[8]。此外，刺梨生长周期短，2 年即可产果，4 年则可进入盛果期，经济价值高，在脱贫攻坚及乡村振兴中也扮演着重要的角色[9]。

第一节　结　论

我们利用纯培养法与高通量测序法分析刺梨叶际、根际以及果实酵母菌多样性，并将刺梨野生酵母菌用于多种果酒发酵，从果酒的基本理化参数、感官特性以及香气特征等方面评价了刺梨野生酵母菌的发酵性能。

一、刺梨果实自然发酵过程中酵母菌多样性研究

高通量测序结果表明，刺梨果实自然发酵过程中共鉴定出 182 个

OTUs，81 个属、107 个种。汉逊酵母、伯顿丝孢毕赤酵母为刺梨果实自然发酵前期优势酵母菌，在发酵第 1 天（样本 F1）二者分别占 42.59%、26.85%。二者的比例随着自然发酵的不断进行而逐渐降低，在发酵第 15 天（样本 F15），二者的比例已分别降低至 7.73%、0.52%。*Pichia sporocuriosa*、未培养的酵母的比例则随着自然发酵的持续进行而逐渐增大，分别由发酵第 1 天（样本 F1）的 0.23%、0.33% 增加至发酵第 15 天（样本 F15）的 37.26%、32.62%。采用纯培养分离与鉴定技术从刺梨果实自然发酵过程中共分离到五大类可培养酵母菌，包括 *Hanseniaspora* sp.、异常威克汉姆酵母、伯顿丝孢毕赤酵母、*Pichia sporocuriosa*、克鲁维毕赤酵母。因此，刺梨果实上存在丰富的酵母菌资源，分析刺梨果实自然发酵过程中酵母菌的多样性，可为进一步开发与利用这些酵母菌资源奠定理论基础。

二、不同海拔地区刺梨叶际酵母菌多样性研究

在属水平上，LE_Y 组共鉴定出 309 个属，ME_Y 组共鉴定出 295 个属，HE_Y 组共鉴定出 132 个属。在种水平上，LE_Y 组共鉴定出 465 个种，ME_Y 组共鉴定出 450 个种，HE_Y 组共鉴定出 175 个种。因此，随着海拔高度不断增加，刺梨叶际微生物物种丰富度表现出逐渐降低的趋势。

刺梨叶际真菌，包括子囊菌门、担子菌门和 unclassified_k_Fungi 3 类。其中子囊菌门为门水平的优势菌，在 3 个海拔水平中占比均超过 80%。属水平上，LE_Y 组中枝孢属丰富度最高，占比为 40.36%，第二位是其他类，占比 12.75%。第三位是 *Strelitziana*，占比 6.69%。ME_Y 组中，枝孢属依然丰富度最高，占比 28.88%，但所占比例下降，第二位是其他类，占比 12.61%，第三位是 *Neoascochyta*，占比 8.60%。HE_Y 组中枝孢属仍然丰富度最高，占比 22.22%，第二位是其他类，占比 17.39%，第三位是亚隔孢壳属，占比 9.82%。因此，枝孢属、其他类为属水平上刺梨叶际优势真菌。枝孢属随着海拔升高表现出逐渐降低的特性；而其他类在 HE_Y 组丰富度增加，附球菌属、*Neoascochyta* 则表现出先增加再降低的趋势，

Strelitziana 表现出逐渐降低的特点。

在种水平上，刺梨叶际 LE_Y 组中，皱枝孢丰富度最高，占比 40.32%，第二位是其他类，占比 16.96%，第三位是 unclassified_g_Cercospora，占比 10.27%。ME_Y 组中，皱枝孢依然丰富度最高，占比 26.20%，第二位是其他类，占比 17.09%，第三位是 *Neoascochyta* sp.，占比 8.59%。HE_Y 组中，其他类丰富度最高，占比 21.40%，第二位是皱枝孢，占比 17.80%，第三位是 *Didymella rosea*，占比 9.75%。皱枝孢、其他类为种水平上刺梨叶际优势真菌。皱枝孢、unclassified_g_Cercospora 随着海拔高度不断增加，丰富度逐渐降低。其他类则随着海拔高度不断增加，丰富度逐渐增加。*Didymella rosea* 表现出先降低后增加的特点，黑附球菌表现出先增加后降低的趋势。因此，不同海拔高度的刺梨种植土壤中物种多样性及丰富度具有差异性。

进化分析表明，刺梨叶际菌群中的 unclassified_g_Fungi 与 *Bullera alba*、担子菌酵母黄粉病菌亲缘关系较近。

三、不同海拔地区刺梨根际酵母菌多样性研究

在属水平上，B1 组共鉴定出 375 个属，B2 组共鉴定出 391 个属，B3 组共鉴定出 366 个属，B4 组共鉴定出 409 个属，而 B5 组，则鉴定出 386 个样本。在种水平上，B1 组共鉴定出 551 个种，B2 组共鉴定出 560 个种，B3 组共鉴定出 547 个种，B4 组共鉴定出 609 个种，B5 组共鉴定出 549 个种。随着海拔高度不断增加，刺梨根际微生物表现出先增加后降低的趋势。

在属水平上，B1 组中，镰胞菌属丰富度最高，占比为 21.66%，第二位是其他类，占比 20.02%，第三位是 *Saitozyma*，占比 9.90%。B2 组中，*Saitozyma* 增加，丰富度最高，占比 20.71%，其他类下降为 15.60%，被孢霉属增加，占比 15.45%，与其他类较为接近。B3 组中 *Clavaria* 丰富度最高，占比 20.52%，第二位是 unclassified_p_Ascomycota，占比 19.21%，

其他类则继续下降，占比 14.52%。B4 组中其他类丰富度最高，占比 19.78%，第二位是 *Saitozyma*，占比 9.76%，第三位是镰胞菌属，占比 9.33%。在 B5 组中 *Saitozyma* 丰富度最高，占比 24.82%，第二位是被孢霉属，占比 23.35%，第三位是其他类，占比 14.75%。*Saitozyma* 表现出先增加后降低、再增加的趋势，unclassified_p_Ascomycota 表现出先增加后降低的趋势，其他类表现出先降低后增加、再降低的趋势。

在种水平上，刺梨种植土壤 B1 组中，其他类丰富度最高，占比 24.20%，第二位是 unclassified_g_Fusarium，占比 21.63%，第三位是 *Saitozyma* sp.。B2 组中，其他类依然丰富度最高，占比 21.16%，第二位是 *Saitozyma* sp.，占比 20.70%，第三位是 unclassified_g_Fusarium，占比 11.20%。B3 组中，丰富度最高的依然为其他类，占比 19.76%，第二位是 unclassified_g_Clavaria，占比 19.75%，第三位是 unclassified_p_Ascomycota，占比 19.21%。B4 组中其他类依然丰富度最高，占比 25.31%，第二位是*Saitozyma* sp.，占比 9.76%，第三位是 unclassified_g_Fusarium，占比 9.32%。B5 组中 *Saitozyma* sp. 为丰富度最高的物种，占比 24.82%，第二位是长孢被孢霉，占比 18.44%，第三位是其他类，占比 17.76%。*Saitozyma* sp. 表现出先增加后降低、再降低的趋势，其他类物种表现为先降低后增加、再降低的趋势；长孢被孢霉表现出先增加后降低、再增加的趋势。因而不同海拔高度的刺梨种植土壤中物种多样性及丰富度具有差异性。

NMDS 方法结果表明，刺梨根际 B1、B2、B3、B4、B5 共 5 组 15 个样本各自位于一个类群，物种组成相似性差，物种组成具有较大的差异。Kruskal - Wallis H 测验结果表明，5 个组间在 *Saitozyma* sp.、unclassified_g_Fusarium、长孢被孢霉、unclassified_p_Ascomycota、unclassified_g_Clavaria、unclassified_g_Fungi、*Truncatella angustata*、*Exophiala equina*、*Gonytrichum macrocladum* var. terricola、*Neocosmospora rubicola*、*Solicoccozyma terricola* 物种组成方面具有显著差异，而在 *Claviceps panicoidearum* 物种上具有极显著差。

四、功能性刺梨酵母菌的筛选与评价

从刺梨自然发酵液中筛选出6株产香酵母菌，分别为F119、F13、C11、C26、C31、F110菌株。形态学与分子生物学结果表明，F119、F13、C26、C31、F110菌株为刺梨来源的葡萄汁有孢汉逊酵母，C11菌株为刺梨来源的异常威克汉姆酵母。

6株刺梨产香酵母菌对葡萄糖、柠檬酸、SO_2具有较强的耐受性，除C11菌株外，5株刺梨产香酵母菌（F119、F13、C26、C31、F110菌株）对乙醇较为敏感，仅可耐受3%的乙醇处理。6株刺梨产香酵母菌硫化氢产生能力均低于商业化酿酒酵母X16菌株，5株刺梨产香酵母菌（F119、F13、C26、C31、F110菌株）产β-葡萄糖苷酶能力较低，均低于商业化酿酒酵母X16菌株，C11菌株的β-葡萄糖苷酶酶活则高于商业化酿酒酵母X16菌株。

此外，从刺梨果实中筛选出了一株产β-葡萄糖苷酶野生酵母菌，被鉴定为异常威克汉姆酵母。其产β-葡萄糖苷酶的最适温度为40℃，最适pH为5.0。体积分数15%的乙醇对β-葡萄糖苷酶活性有抑制作用。化学诱变得到一株产β-葡萄糖苷酶性能稳定、酶活为（55.05±0.74）U/L的突变菌株异常威克汉姆酵母E3菌株。在刺梨果酒发酵过程中，β-葡萄糖苷酶表现出前期逐渐增大，于第10天达到最大值，后期迅速降低。异常威克汉姆酵母C4菌株和E3菌株发酵生产的刺梨果酒中酸度值和总糖含量降低。挥发性酯类、醇类物质的种类和含量增加，主要香气成分OAV增大。因此，采用产β-葡萄糖苷酶异常威克汉姆酵母菌株生产的刺梨果酒，香气特性、复杂性及丰富度增加。

五、刺梨野生酵母菌对果酒品质特性的影响

采用葡萄汁有孢汉逊酵母F13菌株或F119菌株与商业化酿酒酵母X16

菌株混合发酵的刺梨果酒挥发酸含量降低，电子感官特性差异不大，挥发性香气物质的种类和含量与商业化酿酒酵母 X16 菌株之间具有差异性，复杂度增加。而采用异常威克汉姆酵母 C11 菌株和商业化酿酒酵母 X16 菌株混合发酵的刺梨果酒的基本理化指标变化较大，包括乙醇体积分数、总糖、挥发酸等，挥发性香气物质中的挥发性醇类、酯类、其他类化合物的种类与含量均显著高于商业化酿酒酵母 X16 菌株发酵的刺梨果酒。

接种异常威克汉姆酵母 C11 菌株，包括单独接种与混合接种都可以降低空心李果酒中酸类物质的含量，但对空心李果酒电子感官特性没有影响。此外，单独接种异常威克汉姆酵母 C11 菌株发酵空心李果酒中挥发性醇类、其他类化合物的种类增加，挥发性酯类、醇类、醛酮类化合物的含量增加，挥发性酸类化合物的含量降低。但将异常威克汉姆酵母 C11 菌株和商业化酿酒酵母 X16 菌株混合发酵的香气特性与商业化酿酒酵母 X16 菌株发酵空心李果酒相似。因此，单独接种异常威克汉姆酵母 C11 菌株可调节空心李果酒的香气特性。

采用异常威克汉姆酵母 C11 菌株和商业化酿酒酵母 X16 菌株混合发酵可降低桂圆果酒的乙醇体积分数，增加总糖含量。混合发酵还可增加桂圆果酒酸味值电子感官值。不同接种方式对桂圆果酒香气特性影响较大，共同接种组可增加桂圆果酒中醛酮类挥发性香气物质的种类，降低酯类化合物的含量，增加酸类、醛酮类、其他类化合物的含量。而顺序接种组可增加酯类挥发性香气物质的种类，增加酸类、醛酮类化合物的含量。因此，混合发酵可调节桂圆果酒的品质特性，包括基本理化指标、电子感官特性以及香气特性，丰富桂圆果酒的种类。

第二节　启　示

采用纯培养法与高通量测序法分析对刺梨叶际、根际以及果实酵母菌多样性进行了鉴定，同时还将分离的刺梨野生酵母菌用于多种果酒发酵，从果酒的基本理化参数、感官特性以及香气特征等方面对酵母菌的发酵性能进行了评价。但本书研究仅为刺梨微生物领域的浅显探索，还有很多问题有待进一步的思考与解决。

一、刺梨微生物种群多样性

"贵农 5 号" 为刺梨的主要栽培品种，本书研究也聚焦于这一刺梨栽培品种。对于其他刺梨栽培品种，如野生刺梨、金刺梨、无籽刺梨等未有涉及，其微生物种群组成及分布特点还未知。

由于微生物资源的分布具有时空特异性，我们仅分析了"贵农 5 号"刺梨主要采收期果实自然发酵过程中酵母菌种群组成及变化，其他时期果实酵母菌的种群分布没有涉及。其他海拔、其他地区刺梨叶际、根际微生物种群组成有何特点也没有研究。著者研究的微生物种群主要是酵母菌，对其他类微生物，如乳酸菌、醋酸菌等也没有分析。

由于高通量测序长度仅限于 400 bp 左右，加上分类参考数据库序列有限，在刺梨果实自然发酵过程中，刺梨叶际、根际均发现的 unclassified_k_Fungi、unclassified_o_Saccharomycetales 是由于刺梨上存在新的酵母物种，还是高通量测序技术本身受限造成的，还需要进一步研究确定。

此外，传统的分离纯化技术，仅分离到五大类的酵母菌，与高通量测序技术得到的结果之间还存在较大的差距。说明研究所采用的分离手段和技术还难以满足刺梨野生酵母菌的生长需求，还应加以调整，从而尽可能地获取更多野生刺梨酵母菌。

二、刺梨微生物生理特性研究

著者仅对分离的主要优势菌株（葡萄汁有孢汉逊酵母、异常威克汉姆酵母）的生理特性与发酵特性进行了分析。其他类型菌株（伯顿丝毕赤酵母、克鲁维毕赤酵母、*Pichia sporocuriosa*）的生理特性和发酵性能有待进一步研究。

叶际、根际微生物对宿主植物的生长活动具有重要的影响。本书研究表明，不同海拔高度的刺梨叶际、根际真菌种群组成具有差异性。那么这些叶际、根际微生物对刺梨的生长发育具有的影响还需要进一步的研究。

三、刺梨微生物酿造学特性研究

著者尝试将纯培养法分离的刺梨野生酵母菌用于果酒发酵，通过分析果酒的基本理化指标、电子感官特性、香气特征等品质参数，从而评价这些酵母菌株的酿造学特性。由于大部分菌株乙醇耐受性较差，因此，著者采用了混合接种的方式（刺梨野生酵母菌与商业化酿酒酵母菌共同接种）进行了刺梨果酒、空心李果酒以及桂圆果酒的发酵。混合接种包括共同接种与顺序接种两种形式，著者采用的是共同接种形式，顺序接种对各类果酒品质特性的影响也有待后续进行研究。

酵母菌混合接种比例影响果酒的品质特性。研究表明，葡萄汁有孢汉逊酵母与酿酒酵母采用3∶1的接种比例，发酵生产的枸杞果酒感官得分最高，其香气特性也表现出较大差异[10]。采用葡萄汁有孢汉逊酵母与酿酒酵母2∶1混酿的低醇葡萄酒，酸甜较为适宜、香气和风味较为复杂，微生物稳定性较高[11]。著者主要采用的是酿酒酵母与非酿酒酵母（刺梨野生酵母）按照10∶1的比例进行发酵，在后续研究中还需进一步分析不同的接种比例对刺梨果酒、空心李果酒及桂圆果酒品质的影响。

我国水果品种繁多，营养丰富，很多品种都适合用来酿造果酒。从刺梨上分离的酵母菌对其他果酒，如蓝莓果酒、樱桃果酒、荔枝果酒等有何影响，也需要作进一步的分析。

参考文献

[1] 赵湖冰，黎华，田野，等. 一株刺梨非酿酒酵母的分离鉴定、生理特性及混菌发酵研究［J］. 食品工业科技，2020，41（16）：114－120.

[2] 李发耀，欧国腾，樊卫国. 中国刺梨产业发展报告（2020）［M］. 北京：社会科

学文献出版社，2020.

[3] 王彩云，阮培均. 贵州刺梨资源开发与应用 [M]. 北京：化学工业出版社，2020.

[4] 岳珍珍. 野刺梨果汁加工技术研究 [D]. 杨凌：西北农林科技大学，2016.

[5] 张继伟，彭凌，赵小红. 无籽刺梨果酱的工艺研究 [J]. 农产品加工，2017 (16)：21－23.

[6] 韦唯，江帆，袁振辉，等. 不同发酵方式对刺梨果酒品质的影响 [J]. 食品科技，2020，45 (3)：105－113.

[7] 胡晓红. 刺梨果脯制作技术 [J]. 现代农业科技，2020 (13)：221，223.

[8] 肖杰，熊康宁，李开萍，等. 喀斯特石漠化治理区不同地形土壤养分与刺梨果实品质相关分析 [J]. 江苏农业科学，2019，47 (14)：143－147.

[9] 李彩琴. 贵州省黔南州龙里县强民生态刺梨专业合作社理事长肖发海：乡村振兴必须以产业带动 [J]. 中国合作经济，2018 (2)：36.

[10] 剧柠，胡婕，赵梅梅，等. 葡萄汁有孢汉逊酵母与酿酒酵母混种对发酵枸杞果酒的影响 [J]. 食品工业科技，2019，40 (6)：106－113.

[11] 崔艳，刘尚，邓琪缘，等. 葡萄汁有孢汉逊酵母与酿酒酵母混酿低醇葡萄酒 [J]. 食品工业，2020，41 (8)：60－64.

附录　常见酵母菌及其种属名

Brettanomyces 酒香酵母属
Brettanomyces anomalus 异常酒香酵母
Brettanomyces bruxellensis 酒香酵母
Brettanomyces custersianus 班图酒香酵母
Candida 假丝酵母属
Candida glabrata 光滑假丝酵母
Candida lusitaniae 葡萄牙假丝酵母
Candida tropicalis 热带假丝酵母
Candidaapicola 蜂生假丝酵母
Candida auris 耳道假丝酵母
Candida parapsilosis 近平滑假丝酵母
Candida silvae 林木假丝酵母
Citeromyces 固囊酵母属
Citeromyces matritensis 固囊酵母
Cryptococcus 隐球酵母属
Cryptococcus neoformans 新型隐球菌
Cryptococcus podzolicus 灰色隐球菌
Cryptococcus saitoi 赛托隐球菌
Cryptococcus adeliensis 阿德利隐球菌
Cryptococcus humicola 幽默隐球菌
Debaryomyces 德巴利酵母属
Debaryomyces fabryi 法布里德巴利酵母
Debarnyomyces hansenii 汉逊德巴利酵母
Dekkera 德克酵母属
Dekkera bruxellensis 布鲁塞尔德克酵母
Endomycopsis 拟内孢霉属
Endomycopsisfibuliger 肋状拟内孢霉
Hanseniaspora 有孢汉逊酵母属
Hanseniaspora uvarum 葡萄汁有孢汉逊酵母
Hanseniaspora guilliermondii 季也蒙有孢汉逊酵母
Hanseniaspora opuntiae 仙人掌有孢汉逊酵母
Hanseniaspora osmophila 嗜高压有孢汉逊酵母
Hanseniaspora valbyensis 法尔皮有孢汉逊酵母
Issatchenkia 伊萨酵母属
Issatchenkia orientalis 东方伊萨酵母
Kluyweromyces 克鲁维属
Kluyveromyces marxianus 马克斯克鲁维酵母

Kluyveromyces lactis 乳酸克鲁维酵母
Kluyveromyces fragilis 脆壁克鲁维酵母
Metschnikowia 梅奇酵母属
Metschnikowia zizyphicola 梅奇酵母
Metschnikowia pulcherrima 美极梅奇酵母
Metschnikowia reukaufii 鲁考弗美奇酵母
Oosporidium 卵孢酵母属
Pachysolen 管囊酵母属
Pachysolen tannophilus 嗜鞣管囊酵母
Pichia 毕赤酵母属
Pichia fabianii 弗比恩毕赤酵母
Pichia pastoris 巴斯德毕赤酵母
Pichia fermentans 发酵毕赤酵母
Pichia kudriavzevii 库德里阿兹威（氏）毕赤酵母
Pichia farinosa 粉状毕赤酵母
Pichia anomalus 异常毕赤酵母
Pichia guilliermondii 季也蒙毕赤酵母
Pichia membranifaciens 膜醭毕赤酵母
Rhodotorula 红酵母属
Rhodotorula glutinis 粘红酵母
Rhodotorula minuta 小红酵母
Rhodotorula rubra 深红酵母
Saccharomyces 酿酒酵母属
Saccharomyces cerevisiae 酿酒酵母
Saccharomyces paradoxus 奇异酵母
Saccharomyces carlsbergensis 卡尔斯伯酵母
Saccharomyces bulderi 布拉迪酿酒酵母
Saccharomyces exiguus 少孢酵母
Saccharomycopsis 复膜孢酵母属
Saccharomycopsis fibuligera 扣囊复膜孢酵母
Schizosaccharomyes 裂殖酵母属
Schizosaccharomyces pombe 粟酒裂殖酵母
Sporobolomyces 掷孢酵母属
Sporobolomyces salmonicolor 赭色掷孢酵母
Sporobolomyces roseus 红掷孢酵母
Torulaspora 孢圆酵母属
Torulaspora delbrueckii 戴尔有孢圆酵母
Trichosporon 丝孢酵母属
Trichosporon asahii 阿氏丝孢酵母
Trichosporon cutaneum 皮状丝孢酵母
Wickerhamomyces anomalus 异常威克汉姆酵母
Zygosaccharomyces 接合酵母属
Zygosaccharomyces mellis 蜂蜜接合酵母
Zygosaccharomyces bailii 拜耳接合酵母
Zygosaccharomyces siamensis 暹罗接合酵母
Zygosaccharomyces rouxii 鲁氏接合酵母